IGNORABIMUS DUBITEMUS

ÜBER DIE GRENZEN
DES NATURERKENNENS
DIE SIEBEN WELTRÄTSEL

ZWEI VORTRÄGE

VON

EMIL DU BOIS-REYMOND

DES ERSTEN VORTRAGES ZEHNTE DER ZWEI VORTRAGE
SECHSTE MIT DER DRITTEN ÜBEREINSTIMMENDE AUFLAGE

LEIPZIG
VERLAG VON VEIT & COMP.
1907

Druck von Metzger & Wittig in Leipzig.

Vorwort

zur ersten Auflage der 'zwei Vorträge'.

Der Vortrag 'Über die Grenzen des Naturerkennens', den ich vor neun Jahren vor den in Leipzig versammelten Deutschen Naturforschern und Ärzten hielt, erscheint hier in fünfter, vermehrter und in Einzelheiten verbesserter Auflage, gefolgt von der Rede über 'Die sieben Welträtsel', mit der ich die Leibniz-Feier der Akademie der Wissenschaften im Juli 1880 eröffnete. Diese Rede bespricht Einwände und berichtigt Mißverständnisse, welche der Leipziger Vortrag veranlaßte; sie vervollständigt die Untersuchung über die der mechanischen Auffassung der Welt gezogenen Schranken, und ergänzt sich mit jenem Vortrage zum Gesamtbilde meiner Weltanschauung. Wegen des beschränkten Rahmens der Vorträge, die ich doch nicht zu einem Buch umarbeiten mochte, ist vielleicht manches darin zu kurz gesagt. Wer es der Mühe wert hält, findet weitere Auskunft in meinen akademischen Reden verwandten Inhalts: Leibnizische Gedanken in der neueren

Naturwissenschaft; — La Mettrie; — Darwin versus Galiani.

In der objektiven Zergliederung der Erscheinungswelt, wie diese Untersuchungen sie sich vorsetzen, sehe ich eine notwendige Ergänzung der Erkenntnistheorie und die wahre Naturphilosophie. Der Pyrrhonismus in neuem Gewande, auf den sie unausweichlich hinausführt, sagt vielen nicht zu. Mögen sie es doch mit dem einzigen anderen Ausweg versuchen, dem des Supernaturalismus. Nur daß, wo Supernaturalismus anfängt, Wissenschaft aufhört.

Berlin, vom physiologischen Institut der Universität, 14. August 1881.

Der Verfasser.

Vorwort

zur zweiten Auflage der 'zwei Vorträge'.

Abermals ward eine neue Auflage der 'Grenzen des Naturerkennens', in noch nicht zwölf Jahren die sechste, notwendig, und die 'Sieben Welträtsel' erscheinen hier zum viertenmal seit noch nicht vier Jahren im Druck. Mit solcher Teilnahme der Lesewelt an der von mir versuchten Grenzberichtigung hielt gleichen Schritt der kritische Eifer in der Presse aller Schattierungen. Zu Naturforschern und Philosophen gesellten sich sogar, um meine Aufstellungen anzugreifen, mit offenem Visier kämpfend katholische, mit geschlossenem, jedoch leicht kenntlich, protestantische Jesuiten, welche sich aber freilich mehr gegen den endlich verstandenen zweiten Abschnitt der Rede über die 'Grenzen' kehrten. Einen Teil der gegen mich gerichteten Geschosse waren andere Gelehrte so freundlich, an meiner Statt aufzufangen. So sprach kürzlich Hr. Jürgen Bona Meyer ein beschwichtigendes und klärendes Wort in dem 'Ignorabimus-Streit'.[1]

[1] *Zeitschrift für die gebildete Welt. Braunschweig 1884. Bd. V. S. 168 ff.*

Einige hier und da eingestreute Bemerkungen abgerechnet, muß ich selber zu jener Polemik schweigen, soll nicht dies Büchlein zum Buch, und das, was doch wohl hier gesucht wird, der ursprüngliche Text meiner Vorträge, in Kritik und Antikritik verschwemmt werden. Übrigens begnügten sich meine Tadler fort und fort mit kontradiktorischen Behauptungen; gegen meine grundlegende Schlußfolgerung wandte noch niemand etwas ein. Der menschliche Geist kann es nicht weiter bringen, als bis zu einem schwachen Abbild des Laplaceschen Geistes. Da diesem dieselben Grenzen des Erkennens gezogen, dieselben Rätsel unlösbar bleiben würden, wie uns, so lautet unabänderlich und unerbittlich der Wahrspruch: Ignorabimus.

Berlin, vom physiologischen Institut der Universität, im März 1884.

Der Verfasser.

Vorwort

zur dritten Auflage der 'zwei Vorträge'.

Die 'Grenzen des Naturerkennens' und die 'Sieben Welträtsel' erscheinen hier abermals in einer Sonderausgabe, nachdem sie seit der letzten ähnlichen Ausgabe vom März 1884, auch noch in der Sammlung meiner 'Reden' abgedruckt wurden.[1]

---

[1] *Die 'Grenzen des Naturerkennens' erschienen 1872 bei Veit & Comp. in Leipzig in erster und zweiter, 1873 in dritter, 1876 in vierter Auflage, 1882 sodann in fünfter Auflage zusammen mit den 'Sieben Welträtseln', welche ihrerseits schon in den Monatsberichten der Berliner Akademie, 1880. S. 1045 ff. und in der Deutschen Rundschau, 1881. Bd. XXVIII. S. 352 ff. gedruckt waren. 1884 wurden die beiden Vorträge in derselben Verbindung wieder aufgelegt, 1886 erhielten sie der Zeitfolge nach jeder seinen Platz in dem ersten Bande meiner Reden, S. 105 ff. und 381 ff. — Die gegenwärtige dritte Auflage der Vorträge enthält somit den achten Abdruck der 'Grenzen', den sechsten der 'Welträtsel'.*

Eine französische Übersetzung der 'Grenzen' brachte die Revue scientifique de la France et de l'Étranger. Revue des Cours scientifiques. 2e Série. t. XIV. 1874. p. 337 et suiv.; — eine englische The Popular Science Monthly. New York 1874. vol. V. p. 17 sqq.; — eine italienische von Dr. Vincenzo Meyer das zu Neapel erscheinende Giornale internazionale delle Scienze Mediche, Anno I.; — eine serbische erschien 1873 zu Belgrad. — Von den 'Welträtseln' gab einen französischen Auszug Th. Ribot's Revue philosophique de la France et de l'Étranger. Février 1882 p. 181 et suiv.; — eine englische Übersetzung The Popular Science Monthly. New York 1882. Vol. XX. p. 433 sqq.; eine italienische Bearbeitung von Dr. Vincenzo Meyer das Giornale internazionale ec. Anno IV. Fasc. 11 e 12.

Unter den neueren Besprechungen der beiden Reden ragt ein eigens dazu bestimmtes Buch von Hrn. Theodor Weber in Breslau an Bedeutung wie an Umfang so hervor, daß ich seinetwegen von der Regel abweichen muß, zu der um meine Aufstellungen sich erhebenden Polemik zu schweigen. Das Buch führt den Titel: Emil du Bois-Reymond. Eine Kritik seiner Weltansicht (Gotha 1885. 266 S.).

Hr. Weber hatte sich schon früher über die beiden Vorträge kritisch geäußert (Schaarschmidts Philosophische Monatshefte. Bd. XIX. 1883. S. 80 ff.), und in der Auflage vom Jahre 1864, S. 59. 60, war ich ihm mit einigen Bemerkungen entgegengetreten, an welche nunmehr das mit meinem Namen überschriebene Buch anknüpft. Ich muß zunächst mich Hrn. Weber sehr zu Danke verpflichtet erkennen für die freundliche Art, wie er vielfach meiner gedenkt, für die Wichtigkeit, welche er meinen Aufstellungen beilegt, und für die Sorgfalt, mit der er alle meine Schriften nach den für meine Weltansicht bezeichnenden Stellen durchsucht und diese zusammengetragen hat. Daß sich ihm dabei hier und da Ungenauigkeiten des Ausdrucks, ja sogar scheinbare Widersprüche dargeboten haben, wird man mir im Hinblick auf den mehr populären Charakter vieler dieser Schriften und den langen Zeitraum, über welchen sie sich erstrecken, hoffentlich zugute halten wollen.

Gegen das Bild, welches Hr. Weber von meiner Weltansicht entwirft, habe ich wenig einzuwenden, und ich lasse es ruhig über mich ergehen, daß er mit harten Worten mich unerhörter Irrtümer zeiht. Denn wie wir zueinander stehen, ist von Verständigung zwischen ihm und mir keine Rede. Meiner skeptischen Entsagung gegenüber, welche ich, wie er mich belehrt, fälschlich Pyrrhonismus in neuem Gewande genannt habe, vertritt er den Standpunkt eines supernaturalistischen Dualismus, der sich rückhaltlos, bis zum Dreieinigkeitsdogma, der positiven Glaubenslehre in die Arme wirft. Daß ich „in die Natur als letztes, normales Glied derselben auch „noch den Menschen begreife", betrachtet er „als einen „der ungeheuersten Mißgriffe, die jemals im Gebiete „der Wissenschaft begangen worden sind", denn „der „Mensch ist nicht monistisch konstituiert, wie die Tiere, „sondern dualistisch, er besteht aus Geist und Natur, „Seele und Leib." (S. 201. 233.) Hr. Weber verlangt, daß wir die „Idee der Kreation in ihrem alten echt „christlichen Sinne" in unseren Vorstellungskreis aufnehmen. Andererseits wähnt sich Hr. Weber im Besitze von Aufschlüssen über Materie und Kraft, bei denen unsereins sich freilich nichts zu denken weiß.

Ich freue mich zu hören, daß er in der Verurteilung der falschen Naturphilosophie mir zur Seite steht, muß aber doch seine Frage bejahen, ob ich noch nach seiner jetzigen Darlegung den Mut haben werde zu behaupten, daß sein Denken sich in Formen bewege ähnlich denen der großen Schellingschen Mystifikation. Hr. Weber mag mit anderen Vorstellungen andere Luftschlösser bauen, als jene falsche Naturphilosophie. Ein Satz aber wie dieser, der die Quintessenz seines Wissens birgt: „Man „wird zu denken haben, daß in dem Momente, in wel- „chem die dem Naturprinzipe in seiner ursprünglichen „Daseinsweise immanenten Potenzen zu den beiden ak- „tuellen, lebendigen Kräften der Rezeptivität und Reak- „tivität wachgerufen wurden, das Prinzip selbst (durch „einen Diremtionsprozeß) in reale Teile auseinander- „ging" — wodurch „die Entstehung der Atome aus dem „ursprünglich noch nicht atomisierten, aber atomisierbaren „Naturprinzip" erklärt wird (S. 198. 200) — solch ein Satz bewegt sich, ja, ich habe nach wie vor den Mut es zu behaupten, in Denkformen ganz ähnlich denen jener beklagenswerten Verirrung des deutschen Geistes.

Berlin, vom physiologischen Institut der Universität,
im März 1891.

Der Verfasser.

ÜBER DIE GRENZEN DES NATURERKENNENS

Vortrag,

gehalten in der zweiten allgemeinen Sitzung
der 45. Versammlung Deutscher Naturforscher und Ärzte
zu Leipzig am 14. August 1872.

In Nature's infinite book of secrecy
A little I can read.
Antony and Cleopatra.

Elfter Abdruck

Wie es einen Welteroberer der alten Zeit an einem Rasttag inmitten seiner Siegeszüge verlangen konnte, die Grenzen seiner Herrschaft genauer festgestellt zu sehen, um hier ein noch zinsfreies Volk zum Tribut heranzuziehen, dort in der Wasserwüste ein seinen Reiterscharen unüberwindliches Hindernis und eine Schranke seiner Macht zu erkennen: so wird es für die Weltbesiegerin unserer Tage, die Naturwissenschaft, kein unangemessenes Beginnen sein, wenn sie bei festlicher Gelegenheit von der Arbeit ruhend die wahren Grenzen ihres Reiches einmal klar sich vorzuzeichnen versucht. Für um so gerechtfertigter halte ich dies Unternehmen, als ich glaube, daß über die Grenzen des Naturerkennens zwei Irrtümer weit verbreitet sind, und als ich für möglich halte, solcher Betrachtung, trotz ihrer scheinbaren Trivialität, auch für die, welche jene Irrtümer nicht teilen, einige neue Seiten abzugewinnen.

Ich setze mir also vor, die Grenzen des Naturerkennens aufzusuchen, und beantworte zunächst die Frage, was Naturerkennen sei.

Naturerkennen — genauer gesagt naturwissenschaftliches Erkennen oder Erkennen der Körperwelt mit Hilfe und im Sinne der theoretischen Naturwissenschaft — ist Zurückführen der Veränderungen in der Körperwelt auf Bewegungen von Atomen, die durch deren von der Zeit unabhängige Zentralkräfte bewirkt werden, oder Auflösen der Naturvorgänge in Mechanik der Atome. Es ist psychologische Erfahrungstatsache, daß, wo solche Auflösung gelingt, unser Kausalitätsbedürfnis vorläufig sich befriedigt fühlt. Die Sätze der Mechanik sind mathematisch darstellbar, und tragen in sich dieselbe apodiktische Gewißheit, wie die Sätze der Mathematik. Indem die Veränderungen in der Körperwelt auf eine konstante Summe von Spannkräften und lebendigen Kräften, oder von potentieller und kinetischer Energie zurückgeführt werden, welche einer konstanten Menge von Materie anhaftet, bleibt in diesen Veränderungen selber nichts zu erklären übrig.

KANTS Behauptung in der Vorrede zu den *Metaphysischen Anfangsgründen der Naturwissenschaft*, „daß „in jeder besonderen Naturlehre nur so viel eigentliche Wissenschaft angetroffen werden könne, als „darin Mathematik anzutreffen sei" — ist also vielmehr noch dahin zu verschärfen, daß für Mathematik Mechanik der Atome gesetzt wird. Sichtlich dies meinte er selber, als er der Chemie den Namen einer Wissenschaft absprach, und sie unter die Experimentallehren verwies. Es ist nicht wenig merkwürdig, daß in unserer Zeit die Chemie, indem die Entdeckung der Substitution sie zwang, den elektrochemischen Dualismus aufzugeben, sich von dem Ziel, eine Wissenschaft in diesem Sinne zu werden, scheinbar wieder weiter entfernt hat.[1]

Denken wir uns alle Veränderungen in der Körperwelt in Bewegungen von Atomen aufgelöst, die durch deren konstante Zentralkräfte bewirkt werden, so wäre das Weltall naturwissenschaftlich erkannt. Der Zustand der Welt während eines Zeitdifferentiales erschiene als unmittelbare Wirkung ihres Zustandes während des vorigen und als unmittelbare Ursache ihres Zustandes während des folgenden Zeitdifferentiales. Gesetz und Zufall wären nur noch andere Namen für mechanische Notwendigkeit. Ja es läßt eine Stufe der Naturerkenntnis sich denken, auf welcher der ganze Weltvorgang durch eine mathematische Formel vorgestellt würde, durch ein unermeßliches System simultaner Differentialgleichungen, aus dem sich Ort, Bewegungsrichtung und Geschwindigkeit jedes Atoms im Weltall zu jeder Zeit ergäbe. „Ein Geist," sagt Laplace, „der „für einen gegebenen Augenblick alle Kräfte kennte, „welche die Natur beleben, und die gegenseitige Lage „der Wesen, aus denen sie besteht, wenn sonst er um„fassend genug wäre, um diese Angaben der Analyse

„zu unterwerfen, würde in derselben Formel die Be-
„wegungen der größten Weltkörper und des leichtesten „Atoms begreifen: nichts wäre ungewiß für ihn, und „Zukunft wie Vergangenheit wäre seinem Blick gegen-„wärtig. Der menschliche Verstand bietet in der Voll-„endung, die er der Astronomie zu geben gewußt „hat, ein schwaches Abbild solchen Geistes dar."[2]

In der Tat, wie der Astronom nur der Zeit in den Mondgleichungen einen gewissen negativen Wert zu erteilen braucht, um zu ermitteln, ob, als Perikles nach Epidaurus sich einschiffte, die Sonne für den Piräeus verfinstert ward, so könnte der von Laplace gedachte Geist durch geeignete Diskussion seiner Weltformel uns sagen, wer die eiserne Maske war oder wie der 'President' zugrunde ging. Wie der Astronom den Tag vorhersagt, an dem nach Jahren ein Komet aus den Tiefen des Weltraumes am Himmelsgewölbe wieder auftaucht, so läse jener Geist in seinen Gleichungen den Tag, da das griechische Kreuz von der Sophienmoschee blitzen oder da England seine letzte Steinkohle verbrennen wird. Setzte er in der Weltformel $t = -\infty$, so enthüllte sich ihm der rätselhafte Urzustand der Dinge. Er sähe im unendlichen Raume die Materie entweder schon bewegt, oder ruhend und ungleich verteilt, da bei gleicher Verteilung das labile Gleichgewicht nie gestört worden wäre. Ließe er t im positiven Sinn unbegrenzt wachsen, so erführe er, nach wie langer Zeit Carnots Satz das Weltall mit eisigem Stillstande bedroht.[3] Solchem Geiste wären die Haare auf unserem Haupte gezählt, und ohne sein Wissen fiele kein Sperling zur Erde. Ein vor- und rückwärts gewandter Prophet, wäre ihm, wie D'ALEMBERT, LAPLACES Gedanken im Keime hegend, in der Einleitung zur Enzyklopädie sich ausdrückte, „das Weltganze „nur eine einzige Tatsache und eine große Wahrheit".[4]

Auch bei LEIBNIZ findet sich schon der LAPLACEsche Gedanke, ja in gewisser Beziehung weiter entwickelt als bei LAPLACE, sofern LEIBNIZ jenen Geist auch mit Sinnen und mit technischem Vermögen von entsprechender Vollkommenheit ausgestattet sich denkt. PIERRE BAYLE hatte gegen die Lehre von der prästabilierten Harmonie eingewendet, sie mache für den menschlichen Körper eine Voraussetzung ähnlich der eines Schiffes, das durch eigene Kraft dem Hafen zusteuere. LEIBNIZ erwidert, dies sei gar nicht so unmöglich, wie BAYLE meine. „Es ist kein Zweifel," sagt er, „daß ein Mensch „eine Maschine machen könnte, fähig einige Zeit in einer „Stadt sich umher zu bewegen und genau an gewissen „Straßenecken umzubiegen. Ein unvergleichlich voll„kommnerer, obwohl beschränkter Geist könnte auch „eine unvergleichlich größere Anzahl von Hindernissen „vorhersehen und ihnen ausweichen. So wahr ist dies, „daß wenn, wie einige glauben, diese Welt nur aus „einer endlichen Anzahl nach den Gesetzen der Me„chanik sich bewegender Atome bestände, es gewiß „ist, daß ein endlicher Geist erhaben genug sein könnte,

2*

„um alles, was zu bestimmter Zeit darin geschehen „muß, zu begreifen und mit mathematischer Gewißheit „vorherzusehen; so daß dieser Geist nicht nur ein „Schiff bauen könnte, das von selber einem gegebenen „Hafen zusteuerte, wenn ihm einmal die gehörige innere „Kraft und die Richtung erteilt wäre, sondern er „könnte sogar einen Körper bilden, der die Handlungen „eines Menschen nachmachte.“[5]

Es braucht nicht gesagt zu werden, daß der menschliche Geist von dieser vollkommenen Naturerkenntnis stets weit entfernt bleiben wird. Um den Abstand zu zeigen, der uns sogar von deren ersten Anfängen trennt, genügt eine Bemerkung. Ehe die Differentialgleichungen der Weltformel angesetzt werden könnten, müßten alle Naturvorgänge auf Bewegungen eines substantiell unterschiedslosen, mithin eigenschaftslosen Substrates dessen zurückgeführt sein, was uns als verschiedenartige Materie erscheint, mit anderen Worten, alle Qualität müßte aus Anordnung und Bewegung solchen Substrates erklärt sein, für welches ich den Namen ὕλη vorschlagen möchte.

Daß es in Wirklichkeit keine Qualitäten gibt, folgt aus der Zergliederung unserer Sinneswahrnehmungen. Nach unseren jetzigen Vorstellungen findet in allen Nervenfasern, welche Wirkung sie auch schließlich hervorbringen, derselbe, nach beiden Richtungen sich ausbreitende, nur der Intensität nach veränderliche Molekularvorgang statt. In den Sinnesnerven wird dieser

Vorgang eingeleitet durch die für Aufnahme äußerer Eindrücke verschiedentlich eingerichteten Sinneswerkzeuge; in den Muskel-, Drüsen-, elektrischen, Leuchtnerven durch unbekannte Ursachen in den Ganglienzellen der Zentren. Der Idee nach müßte ein Stück Sehnerv mit einem Stück eines elektrischen Nerven, bei gehöriger Rücksicht auf ihre physiologische Wirkungsrichtung,[6] Faser für Faser ohne Störung vertauscht werden können; nach Einheilung der Stücke würden Sehnerv und elektrischer Nerv richtig leiten. Vollends zwei Sinnesnerven würden einander ersetzen. Bei übers Kreuz verheilten Seh- und Hörnerven hörten wir, wäre der Versuch möglich, mit dem Auge den Blitz als Knall, und sähen mit dem Ohr den Donner als Reihe von Lichteindrücken.[7] Die Sinnesempfindung als solche entsteht also erst in den Sinnsubstanzen, wie JOHANNES MÜLLER die zu den Sinnesnerven gehörigen Hirnprovinzen nannte, von welchen jetzt Hr. HERMANN MUNK einen Teil in der Großhirnrinde als Sehsphäre, Hörsphäre usw. unterschied.[8] Die Sinnsubstanzen sind es, welche die in allen Nerven gleichartige Erregung überhaupt erst in Sinnesempfindung übersetzen, und als die wahren Träger der 'spezifischen Energien' JOHANNES MÜLLERS je nach ihrer Natur die verschiedenen Qualitäten erzeugen. Das mosaische: „Es ward Licht“ ist physiologisch falsch. Licht ward erst, als der erste rote Augenpunkt eines Infusoriums zum erstenmal Hell und Dunkel unterschied. Ohne Seh- und ohne

Gehörsinnsubstanz wäre diese farbenglühende, tönende Welt um uns her finster und stumm.

Und stumm und finster an sich, d. h. eigenschaftslos, wie sie aus der subjektiven Zergliederung hervorgeht, ist die Welt auch für die durch objektive Betrachtung gewonnene mechanische Anschauung, welche statt Schall und Licht nur Schwingungen eines eigenschaftslosen, dort als wägbare, hier als scheinbar unwägbare Materie sich darbietenden Urstoffes kennt.

Aber wie wohlbegründet diese Vorstellungen im allgemeinen auch sind, zu ihrer Durchführung im einzelnen fehlt noch so gut wie alles. Der Stein der Weisen, der die heute noch unzerlegten Stoffe ineinander umwandelte und aus höheren Grundstoffen, wenn nicht dem Urstoff selber, erzeugte, müßte gefunden sein, ehe die ersten Vermutungen über Entstehung scheinbar verschiedenartiger aus in Wirklichkeit eigenschafts-, also unterschiedsloser Materie möglich würden: unserer achtundsechzig Elemente, deren weitere Vermehrung uns so wenig aufzuregen pflegt wie die der kleinen Planeten, aus der 'Hyle'. Gewiß ist Hrn. LOTHAR MEYERS und Hrn. MENDELEJEFFS periodisches System der Elemente ein mächtiger Schritt in dieser Richtung, welcher aber zunächst nur dazu dient uns zu zeigen, wie weit wir noch von der ersehnten Einsicht entfernt sind.

Der oben geschilderte Geist — er heiße fortan kurz der LAPLACEsche Geist[9] — würde dagegen diese Einsicht vollendet besitzen, und danach könnte es scheinen, als sei zwischen ihm und uns kein Vergleich möglich. Doch ist der menschliche Geist vom LAPLACEschen Geiste nur gradweise verschieden, etwa wie eine bestimmte Ordinate einer von Null ins Unendliche ansteigenden Kurve von einer zwar ausnehmend viel größeren, jedoch noch endlichen Ordinate derselben Kurve. Wir gleichen diesem Geist, denn wir begreifen ihn. Ja es ist die Frage, ob ein Geist wie NEWTONS von dem LAPLACEschen Geiste sich viel mehr unterscheidet, als vom Geiste NEWTONS der Geist eines Australnegers, der nur bis drei, eines Buschmannes, der nur bis zwei zählt, oder eines Chiquitos, der gar keine Zahlwörter besitzt.[10] Mit anderen Worten, die Unmöglichkeit, die Differentialgleichungen der Weltformel aufzustellen, zu integrieren und das Ergebnis zu diskutieren, ist keine in der Natur der Dinge begründete, sondern beruht auf der Unmöglichkeit, die nötigen tatsächlichen Bestimmungen zu erlangen, und, auch wenn dies möglich wäre, auf deren unermeßlicher, vielleicht unendlicher Ausdehnung, ihrer Mannigfaltigkeit und Verwickelung.

Das Naturerkennen des LAPLACEschen Geistes stellt somit die höchste denkbare Stufe unseres eigenen Naturerkennens vor, und bei der Untersuchung über die Grenzen dieses Erkennens können wir jenes zugrunde legen. Was der LAPLACEsche Geist nicht zu durchschauen vermöchte, das wird vollends unserem in so viel engeren Schranken eingeschlossenen Geiste verborgen bleiben.

Zwei Stellen sind es nun, wo auch der LAPLACEsche

Geist vergeblich trachten würde weiter vorzudringen, vollends wir stehen zu bleiben gezwungen sind.

Erstens nämlich ist daran zu erinnern, daß das Naturerkennen, welches vorher als unser Kausalitätsbedürfnis vorläufig befriedigend bezeichnet wurde, in Wahrheit dies nicht tut, und kein Erkennen ist. Die Vorstellung, wonach die Welt aus stets dagewesenen und unvergänglichen kleinsten Teilen besteht, deren Zentralkräfte alle Bewegung erzeugen, ist gleichsam nur Surrogat einer Erklärung. Sie führt, wie bemerkt, alle Veränderungen in der Körperwelt auf eine konstante Menge von Materie und ihr anhaftender Bewegungskraft zurück, und läßt an den Veränderungen selber also nichts zu erklären übrig, denn was stets da war, kann nur Ursache, nicht Wirkung sein. Bei dem gegebenen Dasein jenes Konstanten können wir, der gewonnenen Einsicht froh, eine Zeitlang uns beruhigen; bald aber verlangen wir tiefer einzudringen und es seinem Wesen nach zu begreifen. Da ergibt sich denn bekanntlich, daß zwar die atomistische Vorstellung für den Zweck unserer physikalisch-mathematischen Überlegungen brauchbar, ja mitunter unentbehrlich ist, daß sie aber, wenn die Grenzen der an sie zu stellenden Forderungen überschritten werden, als Korpuskularphilosophie in unlösliche Widersprüche führt.

Ein physikalisches Atom, d. h. eine im Vergleich zu den Körpern, die wir handhaben, verschwindend klein gedachte, aber trotz ihrem Namen in der Idee noch teilbare Masse, welcher Eigenschaften oder ein Bewegungszustand zugeschrieben werden, wodurch das Verhalten einer aus unzähligen solchen Atomen bestehenden Masse sich erklärt, ist eine in sich folgerichtige und unter Umständen, beispielsweise in der Chemie, der mechanischen Gastheorie, äußerst nützliche Fiktion. In der mathematischen Physik wird übrigens deren Gebrauch neuerlich möglichst vermieden, indem man, statt auf diskrete Atome, auf Volumelemente der kontinuierlich gedachten Körper zurückgeht.[11]

Ein philosophisches Atom dagegen, d. h. eine angeblich nicht weiter teilbare Masse trägen wirkungslosen Substrates, von welcher durch den leeren Raum in die Ferne wirkende Kräfte ausgehen, ist bei näherer Betrachtung ein Unding.

Denn soll das nicht weiter teilbare, träge, an sich unwirksame Substrat wirklichen Bestand haben, so muß es einen gewissen noch so kleinen Raum erfüllen. Dann ist nicht zu begreifen, warum es nicht weiter teilbar sei. Auch kann es den Raum nur erfüllen, wenn es vollkommen hart ist, d. h. indem es durch eine an seiner Grenze auftretende, aber nicht darüber hinaus wirkende abstoßende Kraft, welche alsbald größer wird, als jede gegebene Kraft, gegen Eindringen eines anderen Körperlichen in denselben Raum sich wehrt. Abgesehen von anderen Schwierigkeiten, welche hieraus entspringen, ist das Substrat alsdann kein wirkungsloses mehr.

Denkt man sich umgekehrt mit den Dynamisten als Substrat nur den geometrischen Mittelpunkt der Zentralkräfte, so erfüllt das Substrat den Raum nicht mehr, denn der Punkt ist die im Raume vorgestellte Negation des Raumes. Dann ist nichts mehr da, wovon die Zentralkräfte ausgehen, und was träg sein könnte, gleich der Materie.

Durch den leeren Raum in die Ferne wirkende Kräfte sind an sich unbegreiflich, ja widersinnig, und erst seit Newtons Zeit, durch Mißverstehen seiner Lehre und gegen seine ausdrückliche Warnung, den Naturforschern eine geläufige Vorstellung geworden.[12] Denkt man sich mit Descartes und Leibniz den ganzen Raum erfüllt, und alle Bewegung durch Übertragung in Berührungsnähe erzeugt, so ist zwar das Entstehen der Bewegung auf ein unserer sinnlichen Anschauung vertrautes Bild zurückgeführt, aber es stellen sich andere Schwierigkeiten ein. Unter anderem war es bei dieser Vorstellung bisher unmöglich, die verschiedene Dichte der Körper aus verschiedener Zusammenfügung des gleichartigen Urstoffes zu erklären.

Es ist leicht, den Ursprung dieser Widersprüche aufzudecken. Sie wurzeln in unserem Unvermögen, etwas anderes, als mit den äußeren Sinnen entweder, oder mit dem inneren Sinn Erfahrenes uns vorzustellen. Bei dem Bestreben, die Körperwelt zu zergliedern, gehen wir aus von der Teilbarkeit der Materie, da sichtlich die Teile etwas Einfacheres und Ursprünglicheres sind, als das Ganze. Fahren wir in Gedanken mit Teilung der Materie immer weiter fort, so bleiben wir mit unserer Anschauung in dem uns angewiesenen Geleise und fühlen uns in unserem Denken unbehindert. Zum Verständnis der Dinge tun wir keinen Schritt, da wir in der Tat nur das im Bereiche des Großen und Sichtbaren Erscheinende auch im Bereiche des Kleinen und Unsichtbaren uns vorstellen. Wir kommen so zum Begriffe des physikalischen Atoms. Hören wir nun aber willkürlich irgendwo mit der Teilung auf, bleiben wir stehen bei vermeintlichen philosophischen Atomen, die nicht weiter teilbar, an sich wirkungslos, und doch vollkommen hart und Träger fernwirkender Zentralkräfte sein sollen: so verlangen wir, daß eine Materie, die wir uns unter dem Bilde der Materie denken, wie wir sie handhaben, neue, ursprüngliche, ihr eigenes Wesen aufklärende Eigenschaften entfalte, und dies ohne daß wir irgend ein neues Prinzip einführten. So begehen wir den Fehler, der durch die vorher bloßgelegten Widersprüche sich äußert.[13]

Niemand, der etwas tiefer nachgedacht hat, verkennt die transzendente Natur des Hindernisses, das hier sich uns entgegenstellt. Wie man es auch zu umgehen versuche, in der einen oder anderen Form stößt man darauf. Von welcher Seite, unter welcher Deckung man ihm sich nähere, man erfährt seine Unbesiegbarkeit. Die alten ionischen Physiologen standen davor nicht ratloser als wir. Alle Fortschritte der

Naturwissenschaft haben nichts dawider vermocht, alle ferneren werden dawider nichts fruchten. Nie werden wir besser als heute wissen, was, wie Paul Erman zu sagen pflegte, „hier", wo Materie ist, „im Raume spukt". Denn sogar der Laplacesche, über den unseren so weit erhabene Geist würde in diesem Punkte nicht klüger sein als wir, und daran erkennen wir verzweifelnd, daß wir hier an der einen Grenze unseres Witzes stehen.

Übrigens böte die materielle Welt diesem Geiste noch ein unlösbares Rätsel. Zwar würde, wie wir sahen, seine Formel ihm den Urzustand der Dinge enthüllen. Träfe er aber die Materie vor unendlicher Zeit im unendlichen Raume ruhend und ungleich verteilt an, so wüßte er nicht, woher die ungleiche Verteilung; träfe er sie schon bewegt an, so wüßte er nicht, woher die Bewegung, welche ihm nur als zufälliger Zustand der Materie erscheint. In beiden Fällen bliebe sein Kausalitätsbedürfnis unbefriedigt. Vielleicht, ja wahrscheinlich, ist die schon von Aristoteles erörterte Frage nach dem Anfang der Bewegung einerlei mit der nach dem Wesen von Materie und Kraft. Weder läßt sich dies beweisen, noch wäre dem Laplaceschen Geist damit geholfen, da eben das Wesen von Materie und Kraft ihm verschlossen bleibt.[14]

Sehen wir aber von dem allen ab, setzen wir die bewegte Materie als gegeben voraus, so ist in der Idee, wie gesagt, die Körperwelt verständlich. Seit unendlicher Zeit geht im unendlichen Raume Verdichtung der scheinbar sich anziehenden Materie vor sich. Als verschwindender Punkt irgendwo im Weltall ballt sich dabei auch der kreisende Nebel zusammen, aus welchem die von Hrn. von Helmholtz mittels der mechanischen Wärmetheorie weiter geführte Kantsche Hypothese unser Planetensystem mit seiner erschöpfbaren, nie wiederkehrenden Wärmemitgift werden läßt.[15] Schon sehen wir unsere Erde als feurig flüssigen Tropfen, umhüllt mit einer Atmosphäre von unvorstellbarer Beschaffenheit, in ihrer Bahn rollen. Wir sehen sie im Lauf unermeßlicher Zeiträume mit einer Rinde erstarrenden Urgesteines sich umgeben, Meer und Veste sich scheiden, den Granit, durch heiße kohlensaure Wolkenbrüche zerfressen, das Material zu kalihaltigen Erdschichten liefern, und schließlich Bedingungen entstehen, unter denen Leben möglich ward.

Wo und in welcher Form es auf Erden zuerst erschien, ob als Protoplasmaklümpchen im Meer, oder ob an der Luft unter Mitwirkung der noch mehr ultraviolette Strahlen entsendenden Sonne bei noch höherem Kohlensäuregehalt der Atmosphäre; ob von anderen Weltkörpern her Lebenskeime zu uns herüberflogen;[16] wer sagt es je? Aber der Laplacesche Geist im Besitze der Weltformel könnte es sagen. Denn beim Zusammentreten unorganischen Stoffes zu Lebendigem handelt es sich zunächst nur um Bewegung, um Anordnung von Molekeln in mehr oder minder festen

Gleichgewichtslagen, und um Einleitung eines Stoffwechsels, teils durch von außen überkommene Bewegung, teils durch Spannkräfte der mit Molekeln der Außenwelt in Wechselwirkung tretenden Molekeln des Lebewesens. Was das Lebende vom Toten, die Pflanze und das nur in seinen körperlichen Funktionen betrachtete Tier vom Kristall unterscheidet, ist zuletzt dieses: im Kristall befindet sich die Materie in stabilem Gleichgewichte, während durch das Lebewesen ein Strom von Materie sich ergießt, die Materie darin in mehr oder minder vollkommenem dynamischen Gleichgewichte[17] sich befindet, mit bald positiver, bald der Null gleicher, bald negativer Bilanz. Daher ohne Einwirkung äußerer Massen und Kräfte der Kristall ewig bleibt was er ist, dagegen das Lebewesen in seinem Bestehen von gewissen äußeren Bedingungen, den integrierenden oder Lebensreizen der älteren Physiologie,[18] abhängt, und einem zeitlichen Verlauf unterliegt, aber auch fähig wird, kinetische in potentielle Energie, diese in jene nach Bedürfnis zu verwandeln.

So werden durch diese grundlegende Verschiedenheit zwischen den Individuen der toten und denen der lebenden Natur die Vorgänge in letzteren dem Gesetz der Erhaltung der Energie untertan. Neben ihr verschwinden an Bedeutung, sofern sie nicht darin aufgehen, die von Ernst Heinrich Weber scharfsinnig ausgedachten, die beiden Klassen von Individuen mehr äußerlich trennenden Merkmale. Den sonst vom Vitalismus hervorgehobenen Unterschieden, der angeblich höheren Unbegreiflichkeit und Unnachahmlichkeit der Lebewesen, ihrer Zweckmäßigkeit, verschiedenen Reaktion und Unteilbarkeit liegt meist unrichtige Auffassung zugrunde. Was insbesondere die Unteilbarkeit betrifft, so beruht zwar die sogenannte Teilbarkeit mancher Organismen nur auf einem weitreichenden Regenerationsvermögen. Doch sind in der Idee Lebewesen nach Art der Kristalle teilbar in konstituierende Elementarorganismen, so daß sie kaum noch Individuen heißen dürften; andererseits sind Maschinen unteilbar nach Art der Lebewesen, da in beiden die Wirkung des Ganzen die der Teile, die Wirkung der Teile die des Ganzen bedingt. So erklärt sich ohne grundsätzliche Verschiedenheit der Kräfte im Kristall und im Lebewesen, ohne Lebenskraft in irgend einer Form oder Verkleidung, daß beide miteinander inkommensurabel sind wie ein in lauter ähnliche Werkstücke spaltbares Bauwerk und eine Maschine, und somit ist für den Forscher kein Grund vorhanden, zwischen beiden Reichen jene absoluten Schranken gelten zu lassen, wie sie der unbefangene Menschensinn freilich allerorten und jederzeit erblickt hat und erblicken wird, und wie eine erst in unseren Tagen abgelaufene Periode der Wissenschaft sie zum Dogma erhob.

Es ist daher ein Mißverständnis, im ersten Erscheinen lebender Wesen auf Erden oder auf einem anderen Weltkörper etwas Supernaturalistisches, etwas anderes zu sehen, als ein überaus schwieriges mechanisches Problem. Von den beiden Irrtümern, auf die ich hinweisen wollte, ist dies der eine, und ich halte nicht für geboten, von Ewigkeit her gleichsam eine kosmische Panspermie anzunehmen.[19] Nicht hier ist die andere Grenze des Naturerkennens; hier nicht mehr als in der Kristallbildung. Könnten wir die Bedingungen herstellen, unter denen einst Lebewesen entstanden, wie wir dies für gewisse, nicht für alle Kristalle können, so würden nach dem Prinzipe des Aktualismus[20] wie damals auch heute Lebewesen entstehen. Sollte es aber auch nie gelingen, Urzeugung zu beobachten, geschweige sie im Versuch herbeizuführen, so wäre doch hier kein unbedingtes Hindernis. Wären uns Materie und Kraft verständlich, die Welt hörte nicht auf begreiflich zu sein, auch wenn wir uns die Erde (um nur sie zu nennen) von ihrem äquatorialen Smaragdgürtel bis zu den letzten flechtengrauen Polarklippen mit der üppigsten Fülle von Pflanzenleben überwuchert denken, gleichviel welchen Anteil an der Gestaltung des Pflanzenreiches man organischen Bildungsgesetzen, welchen der natürlichen Zuchtwahl einräume. Nur die zur Befruchtung vieler Pflanzen als unentbehrlich erkannte Beihilfe der Insektenwelt müssen wir aus Gründen, die bald einleuchten werden, in dieser Betrachtung beiseite lassen. Sonst bietet das reichste, von Bernardin de Saint-Pierre, Alexander von Humboldt oder Pöppig entworfene Gemälde eines tropischen Urwaldes dem Blicke der theoretischen Naturforschung nichts dar, als auf bestimmte Weise angeordnete oder bewegte Materie.[21]

Allein es tritt nunmehr, an irgendeinem Punkt der Entwickelung des Lebens auf Erden, den wir nicht kennen und auf dessen Bestimmung es hier nicht ankommt, etwas Neues, bis dahin Unerhörtes auf, etwas wiederum, gleich dem Wesen von Materie und Kraft, und gleich der ersten Bewegung Unbegreifliches. Der in negativ unendlicher Zeit angesponnene Faden des Verständnisses zerreißt, und unser Naturerkennen gelangt an eine Kluft, über die kein Steg, kein Fittig trägt: wir stehen an der anderen Grenze unseres Witzes.

Dies neue Unbegreifliche ist das Bewußtsein. Ich werde jetzt, wie ich glaube, in sehr zwingender Weise dartun, daß nicht allein bei dem heutigen Stand unserer Kenntnis das Bewußtsein aus seinen materiellen Bedingungen nicht erklärbar ist, was wohl jeder zugibt, sondern daß es auch der Natur der Dinge nach aus diesen Bedingungen nie erklärbar sein wird. Die entgegengesetzte Meinung, daß nicht alle Hoffnung aufzugeben sei, das Bewußtsein aus seinen materiellen Bedingungen zu begreifen, daß dies vielmehr im Laufe der Jahrhunderte oder Jahrtausende dem alsdann in ungeahnte Reiche der Erkenntnis vorgedrungenen Menschengeiste wohl gelingen könne: dies ist der zweite Irrtum, den ich in diesem Vortrage bekämpfen will.

Ich gebrauche dabei absichtlich den Ausdruck 'Bewußtsein', weil es hier nur um die Tatsache eines geistigen Vorganges irgendeiner, sei es der niedersten Art, sich handelt. Man braucht nicht Newton oder Leibniz die Infinitesimalrechnung erfindend, nicht James Watt vor seinem inneren Auge sein Parallelogramm in Gang setzend, nicht Shakespeare, Raffael, Mozart in der wunderbarsten ihrer Schöpfungen begriffen sich vorzustellen, um das Beispiel eines aus seinen materiellen Bedingungen unerklärbaren geistigen Vorganges zu haben. In der Hauptsache ist die erhabenste Seelentätigkeit nicht unbegreiflicher aus materiellen Bedingungen, als das Bewußtsein auf seiner ersten Stufe, der Sinnesempfindung. Mit der ersten Regung von Behagen oder Schmerz, die im Beginn des tierischen Lebens auf Erden ein einfachstes Wesen empfand, oder mit der ersten Wahrnehmung einer Qualität, ist jene unübersteigliche Kluft gesetzt, und die Welt nunmehr doppelt unbegreiflich geworden.

Über wenig Gegenstände wurde anhaltender nachgedacht, mehr geschrieben, leidenschaftlicher gestritten, als über Verbindung von Leib und Seele im Menschen. Alle philosophischen Schulen, dazu die Kirchenväter, haben darüber ihre Lehrmeinungen gehabt. Die neuere Philosophie kümmert sich weniger um diese Frage; um so reicher sind deren Anfänge im siebzehnten Jahrhundert an Theorien über die Wechselwirkung von Materie und Geist.

Descartes selber hatte sich die Möglichkeit, diese Wechselwirkung zu begreifen, durch zwei Aufstellungen vorweg abgeschnitten. Erstens behauptete er, daß Körper und Geist verschiedene Substanzen, durch Gottes Allmacht vereinigt, seien, welche, da der Geist als unkörperlich keine Ausdehnung habe, nur in einem Punkt, und zwar in der sogenannten Zirbeldrüse des Gehirnes, einander berühren.[22] Er behauptete zweitens, daß die im Weltall vorhandene Bewegungsgröße beständig sei.[23] Je sicherer daraus die Unmöglichkeit zu folgen scheint, daß die Seele Bewegung der Materie erzeuge, um so mehr erstaunt man, wenn nun DESCARTES, um die Willensfreiheit zu retten, die Seele einfach die Zirbeldrüse in dem nötigen Sinne bewegen läßt, damit die tierischen Geister, wir würden sagen, das Nervenprinzip, den richtigen Muskeln zuströmen. Umgekehrt die durch Sinneseindrücke erregten tierischen Geister bewegen die Zirbeldrüse, und die mit dieser verbundene Seele merkt die Bewegung.[24]

DESCARTES' unmittelbare Nachfolger, CLAUBERG,[25] MALEBRANCHE,[26] GEULINCX,[27] bemühen sich, einen so offenbaren Mißgriff zu verbessern. Sie halten fest an der Unmöglichkeit einer Wechselwirkung von Geist und Materie, als von zwei verschiedenen Substanzen. Um aber zu verstehen, wie dennoch die Seele den Körper bewege, und umgekehrt von ihm erregt werde, nehmen sie an, daß das Wollen der Seele Gott veranlasse, den Körper jedesmal nach Wunsch der Seele zu bewegen, und daß umgekehrt die Sinneseindrücke ihn veranlassen, die Seele jedesmal in Übereinstimmung damit zu ver-

3*

ändern. Die *Causa efficiens* der Veränderungen des Körpers durch die Seele und der Seele durch den Körper ist also stets nur Gott; das Wollen der Seele und die Sinneseindrücke sind nur die *Causae occasionales* für die unaufhörlich erneuten Eingriffe seiner Allmacht.

Leibniz endlich pflegte dies Problem mittels des von Geulincx zuerst darauf angewandten Bildes zweier Uhren zu erläutern, die gleichen Gang zeigen sollen.[28] Auf dreierlei Art, sagt er, könne dies geschehen. Erstens können beide Uhren durch Schwingungen, die sie einer gemeinsamen Befestigung mitteilen, einander so beeinflussen, daß ihr Gang derselbe werde, wie dies Huygens beobachtet habe.[29] Zweitens könne stets die eine Uhr gestellt werden, um sie in gleichem Gange mit der anderen zu erhalten. Drittens könne von vornherein der Künstler so geschickt gewesen sein, daß er beide Uhren, obschon ganz unabhängig voneinander, gleichgehend gemacht habe. Zwischen Leib und Seele sei die erste Art der Verbindung anerkannt unmöglich. Die zweite, der okkasionalistischen Lehre entsprechende, sei Gottes unwürdig, den sie als *Deus ex machina* mißbrauche. So bleibe nur die dritte übrig, in der man Leibniz' eigene Lehre von der prästabilierten Harmonie wiedererkennt.[30]

Allein diese und ähnliche Betrachtungen sind in den Augen der neueren Naturforschung entwertet und der Wirkung auf die heutigen Ansichten beraubt durch die dualistische Grundlage, auf welche sie, gemäß ihrem halb theologischen Ursprunge, gleich anfangs sich stellen. Ihre Urheber gehen aus von der Annahme einer vom Körper unbedingt verschiedenen geistigen Substanz, der Seele, deren Verbindung mit dem Körper sie untersuchen. Sie finden, daß eine Verbindung beider Substanzen nur durch ein Wunder möglich ist, und daß, auch nach diesem ersten Wunder, ein ferneres Zusammengehen beider Substanzen nicht anders stattfinden kann, als wiederum durch ein entweder stets erneutes oder seit der Schöpfung fortwirkendes Wunder. Diese Folge nun geben sie für eine neue Einsicht aus, ohne hinreichend zu prüfen, ob nicht sie selber vielleicht sich die Seele erst so zurechtgemacht haben, daß eine Wechselwirkung zwischen ihr und dem Körper undenkbar ist. Mit einem Wort, der gelungenste Beweis, daß keine Wechselwirkung von Körper und Seele möglich sei, läßt dem Zweifel Raum, ob nicht die Prämissen willkürliche seien, und ob nicht Bewußtsein einfach als Wirkung der Materie gedacht und vielleicht begriffen werden könne. Für den Naturforscher muß daher der Beweis, daß die geistigen Vorgänge aus ihren materiellen Bedingungen nie zu begreifen sind, unabhängig von jeder Voraussetzung über den Urgrund jener Vorgänge geführt werden.

Ich nenne astronomische Kenntnis eines materiellen Systemes solche Kenntnis aller seiner Teile, ihrer gegenseitigen Lage und ihrer Bewegung, daß ihre Lage und Bewegung zu irgendeiner vergangenen und zukünftigen Zeit mit derselben Sicherheit berechnet werden kann, wie Lage und Bewegung der Himmelskörper bei vorausgesetzter unbedingter Schärfe der Beobachtungen und Vollendung der Theorie. Dazu gehört, daß man kenne 1. die Gesetze, nach welchen die zwischen den Teilen des Systemes wirksamen Kräfte sich mit der Entfernung ändern; 2. die Lage der Teile des Systemes in zwei durch ein Zeitdifferential getrennten Augenblicken, oder, was auf dasselbe hinausläuft, die Lage der Teile und ihre nach drei Achsen zerlegte Geschwindigkeit zu einer bestimmten Zeit.[31]

Astronomische Kenntnis eines materiellen Systemes ist bei unserer Unfähigkeit, Materie und Kraft zu begreifen, die vollkommenste Kenntnis, die wir von dem System erlangen können. Es ist die, wobei unser Kausalitätstrieb sich zu beruhigen gewohnt ist, und welche der LAPLACEsche Geist selber bei gehörigem Gebrauche seiner Weltformel von dem System besitzen würde.

Denken wir uns nun, wir hätten es zur astronomischen Kenntnis eines Muskels, einer Drüse, eines elektrischen oder Leuchtorganes in Verbindung mit den zugehörigen gereizten Nerven, einer Flimmerzelle, einer Pflanze, des Eies in Berührung mit dem Samen oder auf irgendeiner Stufe der Entwickelung gebracht. Alsdann besäßen wir also von diesen materiellen Systemen die vollkommenste uns mögliche Kenntnis, unser Kausalitätsbedürfnis wäre soweit befriedigt, daß wir nur noch verlangten, das Wesen von Materie und

Kraft selber zu begreifen. Muskelverkürzung, Absonderung in der Drüse, Schlag des elektrischen, Leuchten des Leuchtorganes, Flimmerbewegung, Wachstum und Chemismus der Zellen in der Pflanze, Befruchtung und Entwickelung des Eies: alle diese jetzt noch fast hoffnungslos dunklen Vorgänge wären uns so durchsichtig, wie die Bewegungen der Planeten.

Machen wir dagegen dieselbe Voraussetzung astronomischer Kenntnis für das Gehirn des Menschen, oder auch nur für das Seelenorgan des niedersten Tieres, dessen geistige Tätigkeit auf Empfinden von Lust und Unlust oder auf Wahrnehmung einer Qualität sich beschränken mag, so wird zwar in bezug auf alle darin stattfindenden materiellen Vorgänge unser Erkennen ebenso vollkommen sein und unser Kausalitätsbedürfnis ebenso befriedigt sich fühlen, wie in bezug auf Zuckung oder Absonderung bei astronomischer Kenntnis von Muskel und Drüse. Die unwillkürlichen und nicht notwendig mit Empfindung verbundenen Wirkungen der Zentralteile, Reflexe, Mitbewegung, Atembewegungen, Tonus, der Stoffwechsel des Gehirnes und Rückenmarkes u. dgl. m. wären erschöpfend erkannt. Auch die mit geistigen Vorgängen der Zeit nach stets, also wohl notwendig zusammenfallenden materiellen Vorgänge wären ebenso vollkommen durchschaut. Und es wäre natürlich ein hoher Triumph, wenn wir zu sagen wüßten, daß bei einem bestimmten geistigen Vorgang in bestimmten Ganglienzellen und

Nervenfasern eine bestimmte Bewegung bestimmter Atome stattfinde. Es wäre grenzenlos interessant, wenn wir so mit geistigem Auge in uns hineinblickend die zu einem Rechenexempel gehörige Hirnmechanik sich abspielen sähen wie die Mechanik einer Rechenmaschine; oder wenn wir auch nur wüßten, welcher Tanz von Kohlenstoff-, Wasserstoff-, Stickstoff-, Sauerstoff-, Phosphor- und anderen Atomen der Seligkeit musikalischen Empfindens, welcher Wirbel solcher Atome dem Gipfel sinnlichen Genießens, welcher Molekularsturm dem wütenden Schmerz beim Mißhandeln des N. trigeminus entspricht. Die Art des geistigen Vergnügens, welche die durch FECHNER geschaffenen Anfänge der Psychophysik oder DONDERS' Messungen der Dauer einfacherer Seelenhandlungen uns bereiten, läßt uns ahnen, wie solche unverschleierte Einsicht in die materiellen Bedingungen geistiger Vorgänge uns erbauen würde. Für jetzt wissen wir noch nicht einmal, ob nur die graue, oder ob auch die weiße Gehirnsubstanz denkt, und ob einem bestimmten Seelenzustand eine bestimmte Lage oder eine bestimmte Bewegung von Hirnatomen oder -Molekeln entspricht.[32]

Was nun aber die geistigen Vorgänge selber betrifft, so zeigt sich, daß sie bei astronomischer Kenntnis des Seelenorgans uns ganz ebenso unbegreiflich wären, wie jetzt. Im Besitze dieser Kenntnis ständen wir vor ihnen wie heute als vor einem völlig Unvermittelten. Die astronomische Kenntnis des Gehirnes, die höchste, die wir davon erlangen können, enthüllt uns darin nichts als bewegte Materie. Durch keine zu ersinnende Anordnung oder Bewegung materieller Teilchen aber läßt sich eine Brücke ins Reich des Bewußtseins schlagen.

Bewegung kann nur Bewegung erzeugen, oder in potentielle Energie zurück sich verwandeln. Potentielle Energie kann nur Bewegung erzeugen, statisches Gleichgewicht erhalten, Druck oder Zug üben. Die Summe der Energie bleibt dabei stets dieselbe. Mehr als dies Gesetz bestimmt, kann in der Körperwelt nicht geschehen, auch nicht weniger; die mechanische Ursache geht rein auf in der mechanischen Wirkung. Die neben den materiellen Vorgängen im Gehirn einhergehenden geistigen Vorgänge entbehren also für unseren Verstand des zureichenden Grundes. Sie stehen außerhalb des Kausalgesetzes, und schon darum sind sie nicht zu verstehen, so wenig, wie ein *Mobile perpetuum* es wäre. Aber auch sonst sind sie unbegreiflich.

Es scheint zwar bei oberflächlicher Betrachtung, als könnten durch die Kenntnis der materiellen Vorgänge im Gehirn gewisse geistige Vorgänge und Anlagen uns verständlich werden. Ich rechne dahin das Gedächtnis, den Fluß und die Assoziation der Vorstellungen, die Folgen der Übung, die spezifischen Talente u. dgl. m. Das geringste Nachdenken lehrt, daß dies Täuschung ist. Nur über gewisse innere Bedingungen des Geisteslebens, welche mit den äußeren durch die Sinneseindrücke gesetzten etwa gleichbedeutend sind, würden wir unterrichtet sein, nicht über das Zustandekommen des Geisteslebens durch diese Bedingungen.

Welche denkbare Verbindung besteht zwischen bestimmten Bewegungen bestimmter Atome in meinem Gehirn einerseits, andererseits den für mich ursprünglichen, nicht weiter definierbaren, nicht wegzuleugnenden Tatsachen: „Ich fühle Schmerz, fühle Lust, fühle warm, fühle kalt; ich schmecke Süßes, rieche Rosenduft, höre Orgelton, sehe Rot," und der ebenso unmittelbar daraus fließenden Gewißheit: „Also bin ich?"[33] Es ist eben durchaus und für immer unbegreiflich, daß es einer Anzahl von Kohlenstoff-, Wasserstoff-, Stickstoff-, Sauerstoff- usw. Atomen nicht sollte gleichgültig sein, wie sie liegen und sich bewegen, wie sie lagen und sich bewegten, wie sie liegen und sich bewegen werden. Es ist in keiner Weise einzusehen, wie aus ihrem Zusammenwirken Bewußtsein entstehen könne.[34] Sollte ihre Lagerungs- und Bewegungsweise ihnen nicht gleichgültig sein, so müßte man sie sich nach Art der Monaden schon einzeln mit Bewußtsein ausgestattet denken. Weder wäre damit das Bewußtsein überhaupt erklärt, noch für die Erklärung des einheitlichen Bewußtseins des Individuums das mindeste gewonnen.

Es ist also grundsätzlich unmöglich, durch irgendeine mechanische Kombination zu erklären, warum ein Akkord Königscher Stimmgabeln mir wohl-,[35] und warum Berührung mit glühendem Eisen mir wehtut. Kein mathematisch überlegender Verstand könnte aus astronomischer Kenntnis des materiellen Geschehens in beiden Fällen *a priori* bestimmen, welcher der angenehme und welcher der schmerzhafte Vorgang sei. Daß es vollends unmöglich sei, und stets bleiben werde, höhere geistige Vorgänge aus der als bekannt vorausgesetzten Mechanik der Hirnatome zu verstehen, bedarf nicht der Ausführung. Doch ist, wie schon bemerkt, gar nicht nötig, zu höheren Formen geistiger Tätigkeit zu greifen, um das Gewicht unserer Betrachtung zu verstärken. Sie gewinnt gerade an Eindringlichkeit durch den Gegensatz zwischen der vollständigen Unwissenheit, in welcher astronomische Kenntnis des Gehirnes uns über das Zustandekommen auch der niedersten geistigen Vorgänge ließe, und der durch solche Kenntnis gewährten ebenso vollständigen Enträtselung der höchsten Probleme der Körperwelt.

Ein aus irgendeinem Grunde bewußtloses, z. B. ohne Traum schlafendes Gehirn, astronomisch durchschaut, enthielte kein Geheimnis mehr, und bei astronomischer Kenntnis auch des übrigen Körpers wäre die ganze menschliche Maschine, mit ihrem Atmen, ihrem Herzschlag, ihrem Stoffwechsel, ihrer Wärme, usf., bis auf das Wesen von Materie und Kraft völlig entziffert. Der traumlos Schlafende ist begreiflich, so weit wie die Welt, ehe es Bewußtsein gab. Wie aber mit der ersten Regung von Bewußtsein die Welt doppelt unbegreiflich ward, so wird auch der Schläfer es wieder mit dem ersten ihm dämmernden Traumbild.

Der unlösliche Widerspruch, in welchem die mechanische Weltanschauung mit der Willensfreiheit, und dadurch unmittelbar mit der Ethik steht, ist sicher von großer Bedeutung. Der Scharfsinn der Denker aller Zeiten hat sich daran erschöpft, und wird fortfahren, daran sich zu üben. Abgesehen davon, daß Freiheit sich leugnen läßt, Schmerz und Lust nicht, geht dem Begehren, welches den Anstoß zum Handeln und somit erst Gelegenheit zum Tun oder Lassen gibt, notwendig Sinnesempfindung voraus. Es ist also das Problem der Sinnesempfindung, und nicht, wie ich einst sagte, das der Willensfreiheit, bis zu dem die analytische Mechanik reicht.[36]

Damit ist die andere Grenze unseres Naturerkennens bezeichnet. Nicht minder als die erste ist sie eine unbedingte. Nicht mehr als im Verstehen von Kraft und Materie hat im Herleiten geistiger Vorgänge aus materiellen Bedingungen die Menschheit seit zweitausend Jahren, trotz allen Entdeckungen der Naturwissenschaft, einen wesentlichen Fortschritt gemacht. Sie wird es nie. Sogar der Laplacesche Geist mit seiner Weltformel gliche in seinen Anstrengungen, über diese Schranke sich fortzuheben, einem nach dem Monde trachtenden Luftschiffer. In seiner aus bewegter Materie aufgebauten Welt regen sich zwar die Hirnmolekeln wie in stummem Spiel. Er übersieht ihre Scharen, er durchschaut ihre Verschränkungen, und Erfahrung lehrt ihn ihre Gebärde dahin auslegen, daß sie diesem oder jenem geistigen Vorgang entspreche; aber warum sie dies tue, weiß er nicht. Zwischen bestimmter Lage und Bewegung gewisser Atome eigenschaftsloser Materie in der Sehsinnsubstanz und dem Sehen ist so wenig Beziehung wie zwischen einem ähnlichen Hergang in der Gehörsinnsubstanz und dem Hören, einem dritten in der Geruchsinnsubstanz und dem Riechen, usw., und darum bleibt, wie wir vorhin sahen, die objektive Welt des LAPLACEschen Geistes eigenschaftslos.[37]

An ihm haben wir das Maß unserer eigenen Befähigung oder vielmehr unserer Ohnmacht. Unser Naturerkennen ist also eingeschlossen zwischen den beiden Grenzen, welche die Unfähigkeit, einerseits Materie und Kraft zu verstehen, andererseits geistige Vorgänge aus materiellen Bedingungen herzuleiten, ihm ewig steckt. Innerhalb dieser Grenzen ist der Naturforscher Herr und Meister, zergliedert er und baut er auf, und niemand weiß, wo die Schranke seines Wissens und seiner Macht liegt; über diese Grenzen hinaus kann er nicht, und wird er niemals können.

Je unbedingter aber der Naturforscher die ihm gesteckten Grenzen anerkennt, und je demütiger er in seine Unwissenheit sich schickt, um so tiefer fühlt er das Recht, mit voller Freiheit, unbeirrt durch Mythen, Dogmen und alterstolze Philosopheme, auf dem Wege der Induktion seine eigene Meinung über die Beziehung zwischen Geist und Materie sich zu bilden.[38]

Er sieht in tausend Fällen materielle Bedingungen

das Geistesleben beeinflussen. Seinem unbefangenen Blicke zeigt sich kein Grund zu bezweifeln, daß wirklich die Sinneseindrücke sich der sogenannten Seele mitteilen. Er sieht den menschlichen Geist gleichsam mit dem Gehirne wachsen, und, nach der empiristischen Theorie, die wesentlichen Formen seines Denkens sogar erst durch äußere Wahrnehmungen sich aneignen. Im Schlaf und Traum; in der Ohnmacht, dem Rausch und der Narkose; in der Epilepsie, dem Wahn- und Blödsinn, dem Kretinismus und der Mikrocephalie; in der Inanition, dem Fieber, dem Delirium, der Entzündung des Gehirns und seiner Häute, genug in unzähligen teils noch in die Breite der Gesundheit fallenden, teils krankhaften Zuständen zeigt sich dem Naturforscher die geistige Tätigkeit abhängig von der dauernden oder vorübergehenden Beschaffenheit des Seelenorgans. Durch kein theologisches Vorurteil wird er wie DESCARTES verhindert, in den Tierseelen der Menschenseele verwandte, stufenweise minder vollkommene Glieder einer und derselben Entwickelungsreihe zu erblicken. Vielmehr halten bei den Wirbeltieren die Hirnteile, in welche auch physiologische Versuche und pathologische Erfahrungen den Sitz höherer Geistestätigkeit verlegen, ihrer Entwickelung nach gleichen Schritt mit der Steigerung dieser Tätigkeit. Wo von den anthropoiden Affen zum Menschen die geistige Befähigung den durch den Besitz der Sprache bezeichneten Sprung macht, findet sich ein entsprechender

Sprung der Hirnmasse vor. Die verschiedene Anordnung derselben Elementarteile, Ganglienzellen und Nervenfasern, bei Wirbeltieren und Wirbellosen belehrt aber den Naturforscher, daß es hier wie bei anderen Organen weniger auf die Architektur, als auf die Strukturelemente ankommt. Mit ehrfurchtsvollem Staunen betrachtet er das mikroskopische Klümpchen Nervensubstanz, welches der Sitz der arbeitsamen, baulustigen, ordnungliebenden, pflichttreuen, tapferen Ameisenseele ist.[39] Endlich die Deszendenztheorie im Verein mit der Lehre von der natürlichen Zuchtwahl drängt ihm die Vermutung auf, daß die Seele als allmähliches Ergebnis gewisser materieller Kombinationen entstanden und vielleicht gleich anderen erblichen, im Kampf ums Dasein dem Einzelwesen nützlichen Gaben durch eine zahllose Reihe von Geschlechtern sich gesteigert und vervollkommnet habe.[40]

Wenn nun die alten Denker jede Wechselwirkung zwischen Leib und Seele, wie sie letztere sich vorstellten, als unverständlich und unmöglich erkannten, und wenn nur durch prästabilierte Harmonie das Rätsel des dennoch stattfindenden Zusammengehens beider Substanzen zu lösen ist, so wird wohl die Vorstellung, die sie, in Schulbegriffen befangen, von der Seele sich machten, falsch gewesen sein. Die Notwendigkeit einer der Wirklichkeit so offenbar zuwiderlaufenden Schlußfolge ist gleichsam ein apagogischer Beweis gegen die Richtigkeit der dazu führenden Voraussetzung. Um bei dem

'Uhrengleichnis' stehen zu bleiben, sollte nicht die einfachste Lösung der Aufgabe die von LEIBNIZ vorweg verworfene[41] vierte Möglichkeit sein, daß die beiden Uhren, deren Zusammengehen erklärt werden soll, im Grunde nur eine sind? Ob wir die geistigen Vorgänge aus materiellen Bedingungen je begreifen werden, ist eine Frage ganz verschieden von der, ob diese Vorgänge das Erzeugnis materieller Bedingungen sind. Jene Frage kann verneint werden, ohne daß über diese etwas ausgemacht, geschweige auch sie verneint würde.

An der oben angeführten Stelle sagt LEIBNIZ, der dem menschlichen Geist unvergleichlich überlegene, aber endliche Geist, dem er Sinne und technisches Vermögen von entsprechender Vollkommenheit zuschreibt, könnte einen Körper bilden, der die Handlungen eines Menschen nachmachte. Daß er einen Menschen bilden könnte, sagt er offenbar deshalb nicht, weil in seinem Sinne dem Automaten von Fleisch und Bein, den er, wie DESCARTES die Tiere, sich seelenlos vorstellt, zum Menschen noch die mechanisch unfaßbare Seelenmonade fehlen würde. Unsere Vorstellung von der Beziehung zwischen Materie und Geist wird aber durch etwas weitere Ausführung dieser LEIBNIZischen Fiktion besonders klar. Man denke sich alle Atome, aus denen CÄSAR in einem gegebenen Augenblick, am Rubikon etwa, bestand, durch mechanische Kunst mit einem Schlage jedes an seinen Ort gebracht und mit seiner Geschwindigkeit im richtigen Sinne versehen. Nach unserer Anschauung wäre dann Cäsar geistig wie körperlich wieder hergestellt. Der künstliche Cäsar hätte im ersten Augenblick dieselben Empfindungen, Strebungen, Vorstellungen wie sein Vorbild am Rubikon und teilte mit ihm seine Gedächtnisbilder, ererbten und erworbenen Fähigkeiten usf. Man denke sich das gleiche Kunststück zu gleicher oder auch zu verschiedener Zeit mit einer gleichen Zahl anderer Kohlenstoff-, Wasserstoff- usw. Atome ein, zwei, mehrere Mal ausgeführt. Worin sonst unterschieden sich im ersten Augenblick der neue Cäsar und seine Doppelgänger, als in dem Ort, an dem sie wären zusammengesetzt worden? Aber der von Leibniz gedachte Geist, der den neuen Cäsar und seine mehreren Sosia gebildet hätte, verstände gleichwohl nicht, wie die von ihm selber richtig angeordneten und im richtigen Sinne mit der richtigen Geschwindigkeit fortgeschnellten Atome deren Seelentätigkeit vermitteln.

Man erinnert sich Hrn. Karl Vogts kecker Behauptung, welche in den fünfziger Jahren zu einer Art von Turnier um die Seele Anlaß gab: „daß alle jene „Fähigkeiten, die wir unter dem Namen Seelentätig-„keiten begreifen, nur Funktionen des Gehirns sind, „oder, um es einigermaßen grob auszudrücken, daß „die Gedanken etwa in demselben Verhältnisse zum „Gehirn stehen, wie die Galle zu der Leber oder der „Urin zu den Nieren.“[42] Die Laien stießen sich an diesem Vergleiche, der im wesentlichen schon bei Cabanis sich findet,[43] weil ihnen die Zusammenstellung

4

der Gedanken mit der Absonderung der Nieren entwürdigend schien. Die Physiologie kennt indes solche ästhetischen Rangunterschiede nicht. Ihr ist die Nierenabsonderung ein wissenschaftlicher Gegenstand von ganz gleicher Würde mit der Erforschung des Auges oder Herzens oder sonst eines der gewöhnlich sogenannten edleren Organe. Auch das ist am 'Sekretionsgleichnis' schwerlich zu tadeln, daß darin die Seelentätigkeit als Erzeugnis der materiellen Bedingungen im Gehirn hingestellt wird. Fehlerhaft dagegen erscheint, daß es die Vorstellung erweckt, als sei die Seelentätigkeit aus dem Bau des Gehirnes ihrer Natur nach so begreiflich, wie bei hinreichend vorgeschrittener Kenntnis die Absonderung aus dem Bau der Drüse es sein würde.

Wo es an den materiellen Bedingungen für geistige Tätigkeit in Gestalt eines Nervensystemes gebricht, wie in den Pflanzen, kann der Naturforscher ein Seelenleben nicht zugeben, und nur selten stößt er hierin auf Widerspruch. Was aber wäre ihm zu erwidern, wenn er, bevor er in die Annahme einer Weltseele willigte, verlangte, daß ihm irgendwo in der Welt, in Neuroglia gebettet, mit warmem arteriellem Blut unter richtigem Drucke gespeist, und mit angemessenen Sinnesnerven und Organen versehen, ein dem geistigen Vermögen solcher Seele an Umfang entsprechendes Konvolut von Ganglienzellen und Nervenfasern gezeigt würde?

Schließlich entsteht die Frage, ob die beiden Grenzen unseres Naturerkennens nicht vielleicht die nämlichen seien, d. h. ob, wenn wir das Wesen von Materie und Kraft begriffen, wir nicht auch verständen, wie die ihnen zugrunde liegende Substanz unter bestimmten Bedingungen empfindet, begehrt und denkt. Freilich ist diese Vorstellung die einfachste, und nach bekannten Forschungsgrundsätzen bis zu ihrer Widerlegung der vorzuziehen, wonach, wie vorhin gesagt wurde, die Welt doppelt unbegreiflich erscheint. Aber es liegt in der Natur der Dinge, daß wir auch in diesem Punkte nicht zur Klarheit kommen, und alles weitere Reden darüber bleibt müßig.

Gegenüber den Rätseln der Körperwelt ist der Naturforscher längst gewöhnt, mit männlicher Entsagung sein '*Ignoramus*'[44] auszusprechen. Im Rückblick auf die durchlaufene siegreiche Bahn trägt ihn dabei das stille Bewußtsein, daß, wo er jetzt nicht weiß, er wenigstens unter Umständen wissen könnte, und dereinst vielleicht wissen wird. Gegenüber dem Rätsel aber, was Materie und Kraft seien, und wie sie zu denken vermögen, muß er ein für allemal zu dem viel schwerer abzugebenden Wahrspruch sich entschließen:

'*Ignorabimus*'.

Anmerkungen.

1 (S. 17.) Hr. ENGLER hat einer bei dem Direktoratswechsel an der technischen Hochschule zu Karlsruhe gehaltenen Festrede über den 'Stein der Weisen' (Karlsruhe 1889) Bemerkungen zu KANTS Ansichten über die Chemie als Wissenschaft angehängt, welche, an das von mir im Text Gesagte anknüpfend, wesentlich darauf hinauslaufen, daß Hr. ENGLER zwischen den bisherigen chemischen Theorien und den vorgeschrittensten Zweigen der mathematischen Physik keinen Unterschied erkennt. Auf GOETHE, KIRCHHOFF und Hrn. VON HELMHOLTZ sich stützend, nimmt er einen Standpunkt ein, auf welchem es ihm allerdings schwer würde, irgendwo eine Grenze zu ziehen zwischen der erhabensten Störungsrechnung und der unschuldigsten Käferdiagnose. Das Maß der Erkenntnis, welches die eine und die andere voraussetzen, erscheint ihm als völlig gleichwertig, weil KIRCHHOFF die analytische Mechanik eine Beschreibung der in der Natur vor sich gehenden Bewegungen genannt hat. Allein Hr. ENGLER überschätzt die Tragweite dieses, wie sich hier ergibt, nicht ganz unbedenklichen Ausspruches, und ich erlaube mir, ihn dieserhalb auf eine frühere Auseinandersetzung von mir zu verweisen, gegen welche KIRCHHOFF selber nichts eingewendet hat (GOETHE und kein Ende. Reden usw. Erste Folge.

S. 332). Es wäre bedauerlich, wenn durch ein Mißverständnis ähnlich dem des Hrn. Engler die Chemie in Ungewißheit geraten könnte über das ihr wenn auch aus weitester Ferne winkende Ziel, zur 'astronomischen Kenntnis' dessen durchzudringen, was bei ihren Reaktionen vor sich geht.

2 (S. 18.) Essai philosophique sur les Probabilités. Seconde Édition. Paris 1814. p. 2 et suiv. Die merkwürdige Stelle lautet: „Tous les événemens, ceux même qui par leur petitesse semblent ne pas tenir aux grandes lois de la nature, en sont une suite aussi nécessaire que les révolutions du soleil. Dans l'ignorance des liens qui les unissent au système entier de l'univers, on les a fait dépendre des causes finales, ou du hasard, suivant qu'ils arrivaient et se succédaient avec régularité, ou sans ordre apparent; mais ces causes imaginaires ont été successivement reculées avec les bornes de nos connaissances, et disparaissent entièrement devant la saine philosophie qui ne voit en elles, que l'expression de l'ignorance où nous sommes des véritables causes.

Les événemens actuels ont avec les précédens, une liaison fondée sur le principe évident, qu'une chose ne peut pas commencer d'être, sans une cause qui la produise. Cet axiome connu sous le nom de *principe de la raison suffisante*, s'étend aux actions même les plus indifférentes. La volonté la plus libre ne peut sans un motif déterminant, leur donner naissance; car si toutes les circonstances de deux positions étant exactement les mêmes, elle agissait dans l'une et s'abstenait d'agir dans l'autre, son choix serait un effet sans cause . . . . L'opinion contraire est une illusion de l'esprit qui perdant de vue, les raisons fugitives du choix de la volonté dans les choses indifférentes, se persuade qu'elle s'est déterminée d'elle même et sans motifs.

Nous devons donc envisager l'état présent de l'univers, comme l'effet de son état antérieur, et comme la çause de celui qui va suivre. Une intelligence qui pour un instant donné, connaîtrait toutes les forces dont la nature est animée, et la situation respective des êtres qui la composent, si d'ailleurs elle était assez vaste pour soumettre ces données à l'analyse, embrasserait dans la même formule, les mouvemens des plus grands corps de l'univers et ceux du plus léger atome: rien se serait incertain pour elle, et l'avenir comme le passé, serait présent à ses yeux. L'esprit humain offre dans la perfection qu'il a su donner à l'astronomie, une faible esquisse de cette intelligence. Ses découvertes en mécanique et en géométrie, jointes à celle de la pesanteur universelle, l'ont mis à portée de comprendre dans les mêmes expressions analytiques, les états passés et futurs du système du monde. En appliquant la même méthode à quelques autres objets de ses connaissances, il est parvenu à ramener à des lois générales, les phénomènes observés, et à prévoir ceux que des circonstances données doivent faire éclore. Tous ses efforts dans la recherche de la vérité, tendent à le rapprocher sans cesse de l'intelligence que nous venons de concevoir, mais dont il restera toujours infiniment éloigné. Cette tendance propre à l'espèce humaine, est ce qui la rend supérieure aux animaux; et ses progrès en ce genre, distinguent les nations et les siècles, et fondent leur véritable gloire."

3 (S. 19.) Über die Frage nach dem Weltstillstande s. W. THOMSON im Philosophical Magazine etc. 4th Series. vol. IV. 1852. p. 304; — HELMHOLTZ, Über die Wechselwirkung der Naturkräfte usw. Königsberg 1854. S. 22 ff.; — auch in: Vorträge und Reden. Braunschweig 1884. Bd. I. S. 41 ff.; — CLAUSIUS in POGGENDORFFS Annalen usw. 1864.

Bd. CXXI. S. 1; — 1865. Bd. CXXV. S. 398 (Auch in: Abhandlungen über die mechanische Wärmetheorie. Zweite Abteilung. Braunschweig 1867. S. 41); — denselben, Über den zweiten Hauptsatz der mechanischen Wärmetheorie. Vortrag gehalten in einer allgemeinen Sitzung der 41. Versammlung Deutscher Naturforscher und Ärzte zu Frankfurt a. M. usw. Braunschweig 1867. S. 15. — In den drei ersten Auflagen hieß es hier: „Ließe er (der LAPLACEsche Geist) t im positiven Sinn unbegrenzt wachsen, so erführe er, ob CARNOTS Satz erst nach unendlicher oder schon nach endlicher Zeit das Weltall mit eisigem Stillstande bedroht." Die Antwort auf diese Frage hängt aber davon ab, ob die Summe der Massen der die Welt zusammensetzenden Atome endlich oder unendlich ist. Dies müßte der LAPLACEsche Geist schon vor Aufstellung der Weltformel wissen, und er brauchte sie also nicht, um zu erfahren, ob jener Zustand nach endlicher oder nach unendlicher Zeit bevorstehe. Übrigens muß die Summe der Massen der Atome oder wenigstens ihre Gesamtwirkung auf jedes einzelne Atom endlich sein, soll nicht bei unendlich viel Atomen die Integration der Differentialgleichungen zu unendlichen Resultaten führen, mithin ihre Aufstellung schon in der Idee unmöglich sein. Daher LEIBNIZ mit erstaunlichem Tiefblick die Aufstellbarkeit der Weltformel sogleich davon abhängig macht, daß die Anzahl der Atome endlich sei. Dem Texte liegt also jene Anschauung zugrunde. Die Bedenken gegen Endlichkeit der Materie im unendlichen Raum, und die durch die metamathematischen Untersuchungen von RIEMANN u. a. über den Raum hier gesetzte Verwickelung sind mir nicht unbekannt; doch ist dies nicht der Ort, darauf einzugehen.

4 (S. 19.) Encyclopédie. Discours préliminaire. Paris

1751. Fol. t. I. p. IX. „L'Univers, pour qui sauroit l'embrasser d'un seul point de vûe, ne seroit, s'il est permis de le dire, qu'un fait unique et une grande vérité." — In einer lesenswerten Würdigung des 'Discours préliminaire' sagt AUGUST BOECKH: „Ich betrachte als den Gipfel und „die Krone der ganzen Abhandlung den Satz, zu dem er" — D'ALEMBERT — „auf sehr methodische Weise gelangt: „das All würde dem, welcher es unter einem einzigen Blick „umfassen könnte, nur eine einzige Tatsache, eine große „Wahrheit sein. Wie klein ist von da der Schritt zur „Monas monadum des LEIBNIZ, oder um den spätern Aus„druck zu gebrauchen, zum Absoluten! Und ich weiß „nicht, ob die zugefügte Verwahrung, 'wenn es erlaubt ist, „es zu sagen', nicht aus dem Gefühl entstanden sei, daß „er mit diesem Gedanken die Grenze der herrschenden An„sichten verwegen überschreite oder auch gegen den posi„tiven Glauben verstoße, welchen er übrigens weit mehr „als sein Schüler FRIEDRICH mit großer Umsicht schont" (Monatsberichte der Berliner Akademie. 1858. S. 82. 83). — Sollte einem mathematischen Kopfe wie D'ALEMBERT nicht eher die Vorahnung des LAPLACEschen Gedankens, als die des HEGELschen, zuzutrauen sein?

5 (S. 20.) Réplique aux Réflexions contenues dans la seconde Édition du Dictionnaire critique de Mr. BAYLE etc. GOD. GUIL. LEIBNITII Opera philosophica etc. Ed. J. E. ERDMANN. Berolini 1840. 4°. p. 183. 184. „Il n'y a pas de doute qu'un homme pourroit faire une machine, capable de se promener durant quelque tems par une ville, et de se tourner justement aux coins de certaines rues. Un esprit incomparablement plus parfait, quoique borné, pourroit aussi prévoir et éviter un nombre incomparablement plus grand d'obstacles; ce qui est si vrai, que si ce monde, selon

l'hypothèse de quelques uns, n'était qu'un composé d'un nombre fini d'atomes, qui se remuassent suivant les lois de la mécanique, il est sûr, qu'un esprit fini pourroit être assez relevé pour comprendre et prévoir démonstrativement tout ce qui y doit arriver dans un tems déterminé; de sorte que cet esprit pourroit non seulement fabriquer un vaisseau, capable d'aller tout seul à un port nommé en lui donnant d'abord le tour, la direction, et les ressorts qu'il faut; mais il pourroit encore former un corps capable de contrefaire un homme."

6 (S. 21.) In den früheren Abdrücken stand hier: „sogar ohne Rücksicht auf oben und unten". Die jetzt eingeführte Rücksicht auf die physiologische Wirkungsrichtung der Nerven ist geboten durch den von mir an den elektrischen Nerven des Zitterrochen entdeckten, von Hrn. MAURICE MENDELSSOHN an vielen zentrifugal wie zentripetal wirkenden Nerven verfolgten, der physiologischen Wirkungsrichtung entgegenfließenden Axialstrom (Sitzungsberichte der Berliner Akademie, 1884. S. 231; — 1885. S. 747; — Archiv für Physiologie, 1885. S. 135. 381; — 1887. S. 106).

7 (S. 21.) Diese schöne Art, die Grundwahrheit der Lehre von den Sinnen zu erläutern, verdanke ich DONDERS. — Es ändert nichts an dem im Text Gesagten, daß die Lehre von den spezifischen Energien der Nerven in der dort vorausgesetzten Form bei einigen Sinnen, insbesondere dem Gefühlssinn, noch auf Schwierigkeiten stößt. (Vergl. ALFRED GOLDSCHEIDER, Die Lehre von den spezifischen Energien der Sinnesorgane. Inaugural-Dissertation usw. Berlin 1881.) Ein Teil dieser Schwierigkeiten ist übrigens neuerlich von Hrn. MAGNUS BLIX in Lund und von Hrn. GOLDSCHEIDER selber gehoben worden. Vergl. des

letzteren Abhandlung im Archiv für Physiologie. 1885. Suppl.-Bd. S. 1 ff.

8 (S. 21.) Über die Funktionen der Großhirnrinde. Gesammelte Mitteilungen usw. 2. Aufl. Berlin 1890.

9 (S. 22.) Er sollte eigentlich der Leibnizische Geist heißen, indessen war die Bezeichnung 'Laplacescher Geist' schon durch mich eingebürgert, als ich denselben Gedanken bei Leibniz fand, und es schien nicht zweckmäßig, eine Änderung darin vorzunehmen.

10 (S. 23.) Friedrich Müller, Grundriß der Sprachwissenschaft. Bd. I. 2. Wien 1877. S. 26; — Bd. II. 1. 1882. S. 23. 31. 37. 43. 58. 70. 85. 407.

11 (S. 25.) Vergl. von Helmholtz, Gedächtnisrede auf Gustav Magnus. Abhandlungen der Königl. Akademie der Wissenschaften zu Berlin. Aus dem Jahre 1871. Berlin 1872. 4°. S. 11 ff.; — auch in: Vorträge und Reden usw. Bd. II. S. 46 ff.

12 (S. 26.) Vergl. Isenkrahe, Das Rätsel von der Schwerkraft. Kritik der bisherigen Lösungen des Gravitationsproblems usw. Braunschweig 1879; — Kritische Beiträge zum Gravitationsproblem. Kleins Gaea. 1880. Bd. XVI. S. 472. 544. 600. 647. 745; — Eulers Theorie von der Ursache der Gravitation. Schlömilchs und Cantors Zeitschrift für Mathematik und Physik. Historisch-literarische Abteilung. 1881. Bd. XXVI. I. S. 1. — Am 3. Februar 1888 hielt mein Bruder, Prof. Paul du Bois-Reymond, in der physikalischen Gesellschaft zu Berlin einen Vortrag, in welchem er bewies, daß die Fernkraft auf keine Art mechanisch konstruierbar, daß sie also unbegreiflich ist. Der Vortrag wurde gedruckt in der von Hrn. Sklarek herausgegebenen 'Naturwissenschaftlichen Rundschau', III. Jahrgang, No. 14. — Am 28. November 1888

hielt dann Hr. ISENKRAHE in der philosophischen Gesellschaft zu Bonn einen gegen meines Bruders Ansicht gerichteten Vortrag, welcher aber erst 1890 unter dem Titel: 'Über die Fernkraft und das durch PAUL DU BOIS-REYMOND aufgestellte dritte *Ignorabimus*', bei Teubner in Leipzig erschien. Leider erlebte mein Bruder, der am 7. April 1889 starb, diese Veröffentlichung nicht, auf welche er schwerlich eine Antwort schuldig geblieben wäre. In der von seinem Kollegen an der Berliner technischen Hochschule, Hrn. Prof. GUIDO HAUCK nach hinterlassenen Aufzeichnungen herausgegebenen posthumen Schrift PAUL DU BOIS-REYMONDS: Über die Grundlagen der Erkenntnis in den exakten Wissenschaften (Tübingen 1890 bei Laupp), kehrt der Aufsatz aus der Rundschau einfach in gekürzter Form wieder. Auch die HERTZschen Versuche sind darin noch nicht berücksichtigt, die fortan bei jeder Erörterung über Fernwirkungen eine wichtige Rolle spielen dürften.

13 (S. 27.) Es versteht sich, daß es meine Absicht nicht sein konnte, innerhalb des Rahmens dieses Vortrages eine vollständige Kritik der Theorien über Materie und Kraft zu geben. Ich wollte nur andeuten, daß hier unlösliche Widersprüche versteckt sind. Ausführliche Auseinandersetzungen des Gegenstandes aus neuerer Zeit findet man in G. TH. FECHNER, Über die physikalische und philosophische Atomenlehre. Leipzig 1855, und in F. HARMS, Philosophische Einleitung in die Enzyklopädie der Physik, im 1. Bde. von G. KARSTENS Allgemeiner Enzyklopädie der Physik. Leipzig 1869. S. 307 ff.

14 (S. 28.) Vergl. unten S. 83.

15 (S. 29.) Die Wechselwirkung der Naturkräfte usw. Königsberg 1854. S. 44; — Vorträge und Reden. Bd. I. S. 75.

16 (S. 29.) Sir WILLIAM THOMSON, in: Report of the forty-first Meeting of the British Association for the Advancement of Science held at Edinburgh in August 1871. The President's Address, p. CIII; — VON HELMHOLTZ in der Vorrede zum zweiten Teile des ersten Bandes der deutschen Übersetzung des Handbuches der theoretischen Physik von W. THOMSON und P. G. TAIT. S. XI ff. (1873); — Vorträge und Reden usw. Bd. II. S. 346 ff.

17 (S. 30.) Vergl. SMAASEN, in POGGENDORFFS Annalen der Physik und Chemie. 1846. Bd. LXIX. S. 161.

18 (S. 30.) JOH. MÜLLER, Handbuch der Physiologie des Menschen usw. Bd. I. 4. Aufl. Coblenz 1844. S. 28.

19 (S. 32.) S. VON HELMHOLTZ a. a. O.

20 (S. 32.) Vergl. J. ROTH in den Abhandlungen der Königl. Akademie der Wissenschaften zu Berlin. Aus dem Jahre 1871. Berlin 1872. Physikalische Klasse. 4°. S. 169.

21 (S. 33.) Vergl. über die Urzeugung unten S. 76 ff.

22 (S. 35.) Oeuvres de DESCARTES, publiées par VICTOR COUSIN. Paris 1824. t. I. Discours de la Méthode. p. 158. 159; — Méditation sixième. p. 344; — Objections et Réponses. p. 414 et suiv.; — Ibidem t. III. Les Principes de la Philosophie p. 102.

23 (S. 35.) Ibidem. Les Principes etc. p. 151. — Vergl. meine Rede über VOLTAIRE als Naturforscher in den Monatsberichten der Akademie usw. 1868. S. 43. 44; — auch in den Reden usw. Erste Folge. S. 9. 11. 27.

24 (S. 35.) Ibidem t. IV. Les Passions de l'Ame. p. 66. 67. 72. 73. — L'Homme. p. 402 et suiv.

25 (S. 35.) Dictionnaire des Sciences philosophiques par une Société de professeurs de Philosophie. Paris 1844. t. I. p. 523.

26 (S. 35.) MALEBRANCHE, De la Recherche de la

Vérité. Oeuvres complètes, par MM. DE GENOUDE et DE LOURDOUEIX. Paris 1837. 4°. t. I. p. 220 et suiv. — De la Prémotion physique. Ibidem t. II. p. 392 et suiv.

27 (S. 35.) H. RITTER, Geschichte der Philosophie. Hamburg 1852. Th. XI. S. 104 ff. — HARMS, a. a. O. S. 235. 236. — SCHWEGLER, Geschichte der Philosophie im Umriß. 7. Aufl. Stuttgart 1870. S. 144.

28 (S. 36.) Second Éclaircissement du Système de la Communication des Substances. 1696. G. G. LEIBNITII Opera philosophica etc. p. 133. — Troisième Éclaircissement. 1696. Ibid. p. 134. — Lettre à BASNAGE etc. Ibid. p. 152. — Das Uhrengleichnis steht auch in ARN. GEULINCX *ΓΝΩΘΙ ΣΕΑΥΤΟΝ* sive Ethica etc. Ed. PHILARETUS. Amstelod. 1709. 12°. p. 124. Nota 19. Seit RITTER hierauf aufmerksam machte (a. a. O. S. 140), pflegt man es GEULINCX zuzuschreiben. Da aber jenes vierzig Jahre nach GEULINCX' Tod und dreizehn Jahre nach dem Second Éclaircissement erschienene Buch nicht wörtlich GEULINCX' Werk ist, vielmehr manche fremde Zutat enthält, so ist vielleicht auch das Uhrengleichnis, nachdem LEIBNIZ es erfunden und wiederholt gebraucht, als allgemein bekanntes Bild nachträglich darin aufgenommen. Um es GEULINCX sicher zuzuschreiben, müßte man es in einer der vor 1696 erschienenen Ausgaben der Ethik nachweisen. In Berlin war deren keine aufzutreiben. — [Diese Anmerkung veranlaßte einen tiefen und geistvollen Kenner der Geschichte der Wissenschaft, Hrn. Dr. G. BERTHOLD in Ronsdorf, zu erneuter gründlicher Untersuchung über den Ursprung des Uhrengleichnisses. Es ergab sich, daß an und für sich, ohne Beziehung auf die Verbindung zwischen Leib und Seele, das Bild zweier Uhren, welche gleichen Gang zeigen, von DESCARTES herrührt, daß es aber wirklich zuerst von

Geulincx zur Erläuterung der Verbindung zwischen Körper und Geist benutzt wurde. Hr. Dr. Berthold wies es schon in einer in seinem Besitze befindlichen Ausgabe der Ethik vom Jahre 1683 nach. Monatsberichte usw. 1874. S. 561—567. Hier ist auch (S. 567. Anm. 2) das Verzeichnis der Stellen vervollständigt, an welchen Leibniz das Uhrengleichnis anwendet. — Anm. zur 4. Auflage.] Weitere Erörterungen über den Gegenstand finden sich in dem Dekanatsprogramm der Tübinger philosophischen Fakultät von Dr. Edmund Pfleiderer: Leibniz und Geulincx mit besonderer Beziehung auf ihr beiderseitiges Uhrengleichnis. Tübingen 1884. 4°. (Vergl. auch desselben Verfassers Notiz: Leibniz und Geulincx, in den philosophischen Monatsheften, 1884. S. 423. 424); — sowie in Hrn. Zellers Abhandlung: Über die erste Ausgabe von Geulincx' Ethik und über Leibniz' Verhältnis zu Geulincx' Okkasionalismus, in den Sitzungsberichten der Akademie, 1884. Bd. II. S. 673.

29 (S. 36.) Leibniz gibt nicht an, aus welchem Quell er Huygens' Beobachtung schöpfte. Hrn. Dr. Berthold verdanke ich darüber folgende Notiz. „Bei Feder, „Sophie Kurfürstin von Hannover im Umriß. Hannover „1810. S. 239, findet sich ein Brief der Kurfürstin an „Leibniz vom 24. Juli 1699, in welchem sie anfragt, wie es „sich mit der gegenseitigen Beeinflussung zweier Uhren ver„halte, von der ihr Leibniz gesprochen; sie habe es wieder „vergessen. Leibniz antwortet (26. Juli 1899, a. a. O. S. 240), „dies sei eine Beobachtung von Huygens über zwei Pendel„uhren („*Il me l'a contée lui-même*, et il l'a même publiée „dans ses ouvrages sur les pendules"), und gibt eine aus„führliche Beschreibung davon, ohne jedoch den Vergleich „mit Leib und Seele zu erwähnen." — Huygens' erste Mit-

teilung steht im Journal des Sçavans, 16 et 23 Mars 1665; er erwähnt die Tatsache in seinem (CHR. HUGENII etc.) Horologium oscillatorium etc. Parisii 1673. Fol. p. 18. 19. — Seine Beobachtung wurde nicht nur, wie es in den drei ersten Auflagen hieß, anfangs dieses Jahrhunderts von ABRAHAM LOUIS BREGUET angewendet, um den Gang jeder der beiden Uhren gleichförmiger zu machen (BIOTS Lehrbuch der Experimentalphysik. Deutsch bearbeitet von FECHNER. Leipzig 1829. Bd. II. S. 129), sondern sie wurde auch gegen Mitte des vorigen Jahrhunderts vom Uhrmacher ELLICOT in London zufällig erneuert und weiter verfolgt (An Account of the Influence which two Pendulum Clocks were observed to have upon each other. Philosophical Transactions. 1739. p. 126. 128). — Vergl. LAPLACE, Sur l'action réciproque des pendules etc. in den Annales de Chimie et de Physique. 1816. t. III. p. 162, mit einem Zusatze von ARAGO (Deutsch in GILBERTS Annalen der Physik. 1817. LVII. S. 229).

30 (S. 36.) Vergl. unten S. 96.

31 (S. 38.) In der oben S. 17. 18 (vergl. Anm. 2 auf S. 53. 54) angeführten Stelle hat LAPLACE wohl nicht beabsichtigt, die Bedingungen astronomischer Kenntnis genau auszudrücken. Als ungenauer Ausdruck erscheint es auch, wenn er sagt, der menschliche Geist werde von dem von ihm (LAPLACE) gedachten Geiste stets unendlich weit entfernt bleiben (vergl. oben S. 23. 54).

32 (S. 40.) Vergl. meine Rede: Über die Übung, in der Zweiten Folge der Reden usw. S. 427. 428.

33 (S. 42.) Bei seinem „*Je pense, donc je suis*" verstand DESCARTES unter Denken ursprünglich einen Denkakt im engeren Sinne (Discours de la Méthode in den Oeuvres de DESCARTES publiées par V. COUSIN etc. t. I. p. 158).

Doch erklärte er später, daß er auch einfache Sinnesempfindung damit meine. „Par le mot de penser, j'entends tout ce qui se fait en nous de telle sorte que nous l'apercevons immédiatement par nous mêmes, c'est pourquoi non seulement entendre, vouloir, imaginer, mais aussi *sentir*, est la même chose ici que penser." (Principes de la Philosophie, ibidem, t. II. p. 67. — Vergl. auch Méditations, ibidem, t. I. p. 253).

34 (S. 42.) Vergl. unten S. 86 ff. LOCKES ähnliche Betrachtungen in der von LEIBNIZ ihnen erteilten Form. Den hier von mir entwickelten Beweis, daß wir die geistigen Vorgänge aus ihren materiellen Bedingungen nie begreifen werden, habe ich seit Jahren in meinen öffentlichen Vorlesungen 'Über einige Ergebnisse der neueren Naturforschung' vorgetragen, und auch gesprächsweise mitgeteilt. In einer bei der Britischen Naturforscher-Versammlung zu Norwich 1868 gehaltenen Rede hatte mein Freund, Prof. TYNDALL, sich auch schon in ähnlicher Weise geäußert (Scope and Limit of Scientific Materialism, in: Fragments of Science etc. London 1871. p. 121; — Sixth Edition. vol. II. p. 87). Doch vermisse ich in seinem Gedankengange den Begriff des LAPLACEschen Geistes als Grenze des menschlichen Erkennens, und da er die Möglichkeit einer weiteren Vervollkommnung unseres Geschlechtes in Aussicht nimmt, entsprechend sogar der vom Iguanodon und seinen Zeitgenossen zur heutigen Menschheit, so bleibt er bei dem '*Ignoramus*' stehen, anstatt gleich mir zum '*Ignorabimus*' fortzuschreiten. (Vergl. unten S. 90.)

35 (S. 42.) Vergl. meine Rede über LEIBNIZische Gedanken in der neueren Naturwissenschaft, in den Monatsberichten der Akademie usw. 1870. S. 849; — auch in den Reden usw. Erste Folge. S. 49. — Vergl. ferner unten S. 89.

36 (S. 44.) Untersuchungen über thierische Elektrizität. Bd. I. Berlin 1848. Vorrede. S. xxxv. xxxvi; — Reden usw. Zweite Folge. S. 9. 10. — Vergl. unten S. 91 ff.

37 (S. 45.) Ich hoffe durch Änderung des Textes die in den drei ersten Auflagen hier vorhandene, von Fr. Alb. Lange in seiner vortrefflichen Besprechung der 'Grenzen' bemerkte Dunkelheit beseitigt zu haben (Geschichte des Materialismus und Kritik seiner Bedeutung in der Gegenwart. 2. Aufl. 2. Buch. Iserlohn 1875. S. 158 ff.).

38 (S. 45.) In der Rede über La Mettrie (Monatsberichte usw. 1875. S. 101. 102; — Reden usw. Erste Folge. S. 197. 198) zeigte ich, daß wohl er zuerst den geistigen Erscheinungen gegenüber auf den Standpunkt des induktiven Naturforschers sich stellte.

39 (S. 47.) Charles Darwin, The Descent of Man etc. London 1871. vol. I. p. 145.

40 (S. 47.) Vergl. meine Rede über Leibnizische Gedanken usw. 1870. S. 851. 852; — Reden usw. Erste Folge. S. 52. 53; — Über die Übung. Rede, gehalten zur Feier des Stiftungstages der militärärztlichen Bildungsanstalten am 2. Aug. 1881. S. 37; — Reden usw. Zweite Folge. S. 434.

41 (S. 48.) In den 'Elementen der Psychophysik', Teil I. Leipzig 1860. S. 5 bespricht Fechner das Uhrengleichnis und sagt: „Leibniz hat eine Ansicht vergessen, „und zwar die einfachstmögliche. Die Uhren können auch „harmonisch miteinander gehen, ja gar niemals auseinander gehen, weil sie gar nicht zwei verschiedene Uhren „sind.“ In den drei ersten Auflagen war dies Vergessen von Leibniz im Text erwähnt. Hr. Dr. Berthold machte mich aber darauf aufmerksam, daß Fechners Bemerkung

5

LEIBNIZ insofern unrecht tut, als dieser jene vierte Möglichkeit nicht vergaß, vielmehr sie wiederholt ausdrücklich zurückwies: daher er sie später nicht wieder als eine der in Betracht kommenden Lösungen erwähnt. G. G. LEIBNITII Opera philosophica etc. p. 126 No. II. — p. 131.

42 (S. 49.) Physiologische Briefe für Gebildete aller Stände. Gießen 1847. S. 206; — Köhlerglaube und Wissenschaft. 3. Auflage. Gießen 1855. S. 32.

43 (S. 49.) CABANIS, Rapports du Physique et du Moral de l'Homme. Seconde Éd. Paris 1805. t. I. p. 152 et suiv.; — vergl. JÜRGEN BONA MEYER, Philosophische Zeitfragen usw. Bonn 1874. S. 196; — LANGE, Geschichte des Materialismus usw. 2. Buch. 1875. S. 134. Anm. 44. S. 288. Anm. 3. — Hr. Dr. BERTHOLD ist dem Ursprunge des Sekretionsgleichnisses seitdem noch weiter nachgegangen, und hat es merkwürdigerweise bis zu einer abfälligen Äußerung FRIEDRICHS II. darüber in einem Brief an VOLTAIRE zurückverfolgt. Monatsberichte usw. 1877. S. 765.

44 (S. 51.) '*Ignoramus*' war die Formel der Geschworenen Altenglands im Fall ihrer Unentschiedenheit, ob eine Anklage begründet oder unbegründet sei. Vergl. die Gedächtnisrede auf JOHANNES MÜLLER in den Abhandlungen der Akademie usw. 1857. Berlin 1860. 4°. S. 86; — Reden usw. Zweite Folge. S. 215; — BÜCHMANN, Geflügelte Worte usw. Fortgesetzt von WALTER ROBERT-TORNOW. 16. Aufl. 1889. S. 437. 438.

DIE SIEBEN WELTRÄTSEL

Vortrag,

gehalten in der öffentlichen Sitzung
der Königlichen Akademie der Wissenschaften zu Berlin
zur Feier des Leibnizischen Jahrestages am 8. Juli 1880.

Je ratifie aujourd'hui cette confession avec d'autant plus d'empressement, qu'ayant depuis ce temps beaucoup plus lu beaucoup plus médité, et étant plus instruit, je suis plus en état d'affirmer que je ne sais rien.
Dictionnaire philosophique.

J'ose dire pourtant que je n'ai mérité
Ni cet excès d'honneur ni cette indignité.
Britannicus.

Neunter Abdruck

Als ich vor acht Jahren übernommen hatte, in öffentlicher Sitzung der Versammlung Deutscher Naturforscher und Ärzte einen Vortrag zu halten, zögerte ich lange, bis ich mich entschloß, die Grenzen des Naturerkennens zu meinem Gegenstande zu wählen. Die Unmöglichkeit, einerseits das Wesen von Materie und Kraft zu begreifen, andererseits das Bewußtsein auch auf niederster Stufe mechanisch zu erklären, erschien mir eigentlich als triviale Wahrheit. Daß man mit Atomistik, Dynamistik, stetiger Ausfüllung des Raumes in gleicher Weise in die Brüche gerate, ist eine alte Erfahrung, an welcher keine Entdeckung der Naturwissenschaft etwas zu ändern vermochte. Daß durch keine Anordnung und Bewegung von Materie auch nur einfachste Sinnesempfindung verständlich werde, haben längst vortreffliche Denker erkannt. Wohl wußte ich, daß über letzteren Punkt falsche Begriffe weit verbreitet seien; fast aber schämte ich mich, den Deutschen Naturforschern so abgestandenen Trunk zu schenken, und nur durch die Neuheit meiner Beweisführung hoffte ich Teilnahme zu erwecken.

Der Empfang, der meiner Auseinandersetzung wurde, zeigte mir, daß ich mich in der Sachlage getäuscht hatte. Dem anfangs kühl aufgenommenen Vortrage widerfuhr bald die Ehre, Gegenstand zahlreicher Besprechungen zu werden, in denen eine große Mannigfaltigkeit von Standpunkten sich kundgab. Die Kritik schlug alle Töne vom freudig zustimmenden Lobe bis zum wegwerfendsten Tadel an, und das Wort '*Ignorabimus*', in welchem meine Untersuchung gipfelte, ward förmlich zu einer Art von naturphilosophischem Schibboleth.

Die durch meinen Vortrag in der deutschen Welt hervorgebrachte Erregung läßt die philosophische Bildung der Nation, auf welche wir gewohnt sind, uns etwas zugute zu tun, in keinem günstigen Licht erscheinen. So schmeichelhaft es mir war, meine Darlegung als KANTsche Tat gepriesen zu sehen, ich muß diesen Ruhm zurückweisen. Wie bemerkt, meine Aufstellungen enthielten nichts, was bei einiger Belesenheit in älteren philosophischen Schriften nicht jedem bekannt sein konnte, der sich darum kümmerte. Aber seit der Umgestaltung der Philosophie durch KANT hat diese Disziplin einen so esoterischen Charakter angenommen; sie hat die Sprache des gemeinen Menschenverstandes und der schlichten Überlegung so verlernt; sie ist den Fragen, die den unbefangenen Jünger am tiefsten bewegen, so weit ausgewichen, oder sie hat sie so sehr von oben herab als unberufene

Zumutungen behandelt; sie hat sich endlich der neben ihr emporwachsenden neuen Weltmacht, der Naturwissenschaft, lange so feindselig gegenübergestellt: daß nicht zu verwundern ist, wenn, namentlich unter Naturforschern, das Andenken selbst an ganz tatsächliche Ergebnisse aus früheren Tagen der Philosophie verloren ging.

Einen Teil der Schuld trägt wohl der Umstand, daß die neuere Philosophie zur positiven Religion meist in einem negierenden, mindestens in keinem klaren Verhältnis sich befand, und daß sie, bewußt oder unbewußt, vermied, sich über gewisse Fragen unumwunden auszusprechen, wie dies beispielsweise Leibniz konnte, welcher vor keinem Kirchentribunal etwas zu verbergen gehabt hätte. Die Philosophie soll hier dafür weder gelobt noch getadelt werden; aber so kommt es, daß bei den Philosophen von der Mitte des vorigen Jahrhunderts an die packendsten Probleme der Metaphysik sich nicht unverhohlen, wenigstens nicht in einer dem induktiven Naturforscher zusagenden Sprache, aufgestellt und erörtert finden. Auch das möchte einer der Gründe sein, warum die Philosophie so vielfach als gegenstandslos und unersprießlich beiseite geschoben wird, und warum jetzt, wo die Naturwissenschaft selber an manchen Punkten beim Philosophieren angelangt ist, oft solch ein Mangel an Vorbegriffen, solche Unwissenheit im wirklich Geleisteten sich zeigt.

Denn während von der einen Seite mein Verdienst

weit überschätzt wurde, rief man von der anderen Anathema über mich, weil ich dem menschlichen Erkenntnisvermögen unübersteigliche Grenzen zog. Man konnte nicht begreifen, warum nicht das Bewußtsein in derselben Art verständlich sein sollte, wie Wärmeentwickelung bei chemischer Verbindung, oder Elektrizitätserregung in der galvanischen Kette. Schuster verließen ihren Leisten und rümpften die Nase über „das fast nach konsistorialrätlicher Demut schmek-„kende Bekenntnis des *'Ignorabimus'*, wodurch das „Nichtwissen in Permanenz erklärt werde". Fanatiker dieser Richtung, die es besser wissen konnten, denunzierten mich als zur schwarzen Bande gehörig, und zeigten aufs neue, wie nah beieinander Despotismus und äußerster Radikalismus wohnen.[1] Gemäßigtere Köpfe verrieten doch bei dieser Gelegenheit, daß es mit ihrer Dialektik schwach bestellt sei. Sie glaubten etwas anderes zu sagen als ich, wenn sie meinem *'Ignorabimus'* ein 'Wir werden wissen' unter der Bedingung entgegensetzten, daß „wir als endliche Men-„schen, die wir sind, uns mit menschlicher Einsicht „bescheiden". Oder sie vermochten nicht den Unterschied zu erfassen zwischen der Behauptung, die ich widerlegte: Bewußtsein kann mechanisch erklärt werden, und der Behauptung, die ich nicht bezweifelt, vielmehr durch zahlreiche Gründe gestützt hatte: Bewußtsein ist an materielle Vorgänge gebunden.

Schärfer sah David Friedrich Strauss. Der

große Kritiker hatte spät die Wandlung durchgemacht, welche gewisse Naturen früher nicht selten in der Jugend rasch durchliefen, vom theologischen Studium zur Naturwissenschaft. Der Naturforscher von Fach mag von den Auseinandersetzungen zweiter Hand gering denken, in denen der Verfasser 'des alten und des neuen Glaubens' vielleicht etwas zu sehr sich gefällt. Dem Ethiker, Juristen, Lehrer, Arzte mag die etwas gewaltsame Folgerichtigkeit bedenklich scheinen, mit welcher Strauss seine Weltanschauung ins Leben einzuführen versucht. Wenn ich selber einmal an dieser Stelle mich in diesem Sinn gegen ihn wandte,[2] so bewundere ich nicht minder die Geisteskraft und Charakterstärke, welche diesen zugleich künstlerisch so begabten Meister des Gedankens in die Mitte der alten Welträtsel trugen, die er freilich auch nicht löst, aber doch ohne jede irdische Scheu beim Namen nennt.

Strauss entging es nicht, daß ich mich den geistigen Vorgängen gegenüber durchaus auf den Standpunkt des induktiven Naturforschers gestellt hatte, der den Prozeß nicht vom Substrat trennt, an welchem er den Prozeß kennen lernte, und der an das Dasein des vom Substrat gelösten Prozesses ohne zureichenden Grund nicht glaubt. Etwas erfahrener in verschlungenen Gedankenwegen, und an abstraktere Ausdrucksweise gewöhnt, verstand er natürlich den Unterschied zwischen jenen beiden Behauptungen. Strauss und Lange, der zu früh der Wissenschaft entrissene Verfasser der 'Geschichte des Materialismus',[3] überhoben mich der Mühe, den Jubel derer, welche in mir einen Vorkämpfer des Dualismus erstanden wähnten, mit dem Spruche niederzuschlagen: „Und wer mich nicht verstehen kann, der lerne besser lesen.“

Aber auch STRAUSS tadelte merkwürdigerweise meinen Satz von der Unbegreiflichkeit des Bewußtseins aus mechanischen Gründen. Er sagt: „Drei Punkte „sind es bekanntlich in der aufsteigenden Entwickelung „der Natur, an denen vorzugsweise der Schein des Un„begreiflichen haftet. Es sind die drei Fragen: wie „ist das Lebendige aus dem Leblosen, wie das Em„pfindende aus dem Empfindungslosen, wie das Ver„nünftige aus dem Vernunftlosen hervorgegangen? Der „Verfasser der 'Grenzen des Naturerkennens' hält das „erste der drei Probleme, A, den Hervorgang des „Lebens, für lösbar. Die Lösung des dritten Problems, „C, der Intelligenz und Willensfreiheit, bahnt er sich, „wie es scheint, dadurch an, daß er es im engsten „Zusammenhange mit dem zweiten, die Vernunft nur „als höchste Stufe des schon mit der Empfindung ge„gebenen Bewußtseins faßt. Das zweite Problem, B, „das der Empfindung, hält er dagegen für unlösbar. „Ich gestehe, mir könnte noch eher einleuchten, wenn „einer sagte: unerklärlich ist und bleibt A, nämlich „das Leben; ist aber einmal das gegeben, so folgt von „selber, d. h. mittels natürlicher Entwickelung, B und „C, nämlich Empfinden und Denken. Oder meinet-

„wegen auch umgekehrt: A und B lassen sich noch „begreifen, aber am C, am Selbstbewußtsein, reißt „unser Verständnis ab. Beides, wie gesagt, erschiene „mir noch annehmlicher, als daß gerade die mittlere „Station allein die unpassierbare sein soll.“[4]

So weit STRAUSS. Ich bedauere es aussprechen zu müssen, aber er hat den Nerven meiner Betrachtung nicht erfaßt. Ich nannte astronomische Kenntnis eines materiellen Systemes solche Kenntnis, wie wir sie vom Planetensystem hätten, wenn alle Beobachtungen unbedingt richtig, alle Schwierigkeiten der Theorie völlig besiegt wären. Besäßen wir astronomische Kenntnis dessen, was innerhalb eines noch so rätselhaften Organes des Tier- oder Pflanzenleibes vorgeht, so wäre in bezug auf dies Organ unser Kausalitätsbedürfnis so befriedigt, wie in bezug auf das Planetensystem, d. h. soweit es die Natur unseres Intellektes gestattet, welches von vornherein am Begreifen von Materie und Kraft scheitert. Besäßen wir dagegen astronomische Kenntnis dessen, was innerhalb des Gehirnes vorgeht, so wären wir in bezug auf das Zustandekommen des Bewußtseins nicht um ein Haar breit gefördert. Auch im Besitze der Weltformel jener dem unsrigen so unermeßlich überlegene, aber doch ähnliche LAPLACEsche Geist wäre hierin nicht klüger als wir; ja nach LEIBNIZ' Fiktion mit solcher Technik ausgerüstet, daß er Atom für Atom, Molekel für Molekel, einen Homunculus zusammensetzen könnte, würde er ihn zwar denkend machen, aber nicht begreifen, wie er dächte.[5]

Die erste Entstehung des Lebens hat an sich mit dem Bewußtsein nichts zu schaffen. Es handelt sich dabei nur um Anordnung von Atomen und Molekeln, um Einleitung gewisser Bewegungen. Folglich ist nicht bloß astronomische Kenntnis dessen denkbar, was man Urzeugung, *Generatio spontanea seu aequivoca*, neuerlich Abiogenese oder Heterogenie nennt, sondern diese astronomische Kenntnis würde auch in bezug auf die erste Entstehung des Lebens unser Kausalitätsbedürfnis ebenso befriedigen, wie in bezug auf die Bewegungen der Himmelskörper.

Das ist der Grund, weshalb, um mit Strauss zu reden, „in der aufsteigenden Entwickelung der Natur" der Hiat für unser Verständnis noch nicht am Punkt A eintrifft, sondern erst am Punkte B. Übrigens habe ich keineswegs behauptet, daß mit gegebener Empfindung jede höhere Stufe geistiger Entwickelung verständlich, das Problem C ohne weiteres lösbar sei. Ich legte auf die mechanische Unbegreiflichkeit auch der einfachsten Sinnesempfindung nur deshalb so großes Gewicht, weil daraus die Unbegreiflichkeit aller höheren geistigen Prozesse erst recht, durch ein *Argumentum a fortiori*, folgt.

Zwar erscheint die erste Entstehung des Lebens jetzt in noch tieferes Dunkel gehüllt, als da man noch hoffen durfte, Lebendiges aus Totem im Laboratorium, unter dem Mikroskop, hervorgehen zu sehen. In Hrn. Pasteurs Versuchen ist die Heterogenie wohl für lange, wenn nicht für immer, der Panspermie unterlegen: wo man glaubte, daß Leben entstehe, entwickelten sich schon vorhandene Lebenskeime. Und doch haben die Dinge so sich gewendet, daß, wer nicht auf ganz kindlichem Standpunkte verharrt, logisch gezwungen werden kann, mechanische Entstehung des Lebens zuzugeben. Dem geologischen Aktualismus und der Deszendenztheorie gegenüber wird sich kaum noch ein ernster Verfechter der Lehre von den Schöpfungsperioden finden, nach welcher die schaffende Allmacht stets von neuem ihr Werk vernichten sollte, um es, gleich einem stümperhaften Künstler, stets von neuem, in einem Punkte besser, in einem anderen vielleicht schlechter, von vorn wieder anzufangen. Auch wer an Endursachen glaubt, wird eingestehen, daß solches Beginnen wenig würdig der schaffenden Allmacht erscheine. Ihr geziemt, durch supernaturalistischen Eingriff in die Weltmechanik höchstens einmal einfachste Lebenskeime ins Dasein zu rufen, aber so ausgestattet, daß aus ihnen, ohne Nachhilfe, die heutige organische Schöpfung werde. Wird dies zugestanden, so ist die weitere Frage erlaubt, ob es nun nicht wieder der schaffenden Allmacht würdiger sei, auch jenes einmaligen Eingriffes in von ihr selber gegebene Gesetze sich zu entschlagen, und die Materie gleich von vornherein mit solchen Kräften auszurüsten, daß unter geeigneten Umständen auf Erden, auf anderen Himmelskörpern, Lebenskeime ohne Nachhilfe entstehen mußten? Dies zu verneinen gibt es keinen Grund; damit ist aber auch zugestanden, daß rein mechanisch Leben entstehen könne, und nun wird es sich nur noch darum handeln, ob die Materie, die sich rein mechanisch zu Lebendigem zusammenfügen kann, stets da war, oder ob sie, wie Leibniz meinte, erst von Gott geschaffen wurde.

Daß astronomische Kenntnis des Gehirnes uns das Bewußtsein aus mechanischen Gründen nicht verständlicher machen würde als heute, schloß ich daraus, daß es einer Anzahl von Kohlenstoff-, Wasserstoff-, Stickstoff-, Sauerstoff- usw. Atomen gleichgültig sein müsse, wie sie liegen und sich bewegen, es sei denn, daß sie schon einzeln Bewußtsein hätten, womit weder das Bewußtsein überhaupt, noch das einheitliche Bewußtsein des Gesamthirnes erklärt würde.

Ich hielt diese Schlußfolgerung für völlig überzeugend. David Friedrich Strauss meint, am Ende könne doch nur die Zeit darüber entscheiden, ob dies wirklich das letzte Wort in der Sache sei. Das ist es nun freilich nicht geblieben, sofern Hr. Haeckel die von mir behufs der *Reductio ad absurdum* gemachte Annahme, daß die Atome einzeln Bewußtsein haben, umgekehrt als metaphysisches Axiom hinstellte. „Jedes „Atom," sagt er, „besitzt eine inhärente Summe von „Kraft, und ist in diesem Sinne 'beseelt'. Ohne die „Annahme einer 'Atom-Seele' sind die gewöhnlichsten

„und allgemeinsten Erscheinungen der Chemie uner-„klärlich. Lust und Unlust, Begierde und Abneigung, „Anziehung und Abstoßung müssen allen Massen-„atomen gemeinsam sein; denn die Bewegungen der „Atome, die bei Bildung und Auflösung einer jeden „chemischen Verbindung stattfinden müssen, sind nur „erklärbar, wenn wir ihnen Empfindung und Willen „beilegen . . . Wenn der 'Wille' des Menschen und „der höheren Tiere frei erscheint im Gegensatz zu „dem 'festen' Willen der Atome, so ist das eine Täu-„schung, hervorgerufen durch die höchst verwickelte „Willensbewegung der ersteren im Gegensatze zu der „höchst einfachen Willensbewegung der letzteren.“ Und ganz im Geist der einst von derselben Stätte aus der deutschen Wissenschaft verderblich gewordenen falschen Naturphilosophie fährt Hr. Haeckel fort in Konstruktionen über das 'unbewußte Gedächtnis' gewisser von ihm als 'Plastidule' bezeichneter 'belebter' Atomkomplexe.[6]

So verschmäht er den uns von La Mettrie gewiesenen Weg des induktorischen Erforschens, unter welchen Bedingungen Bewußtsein entstehe.[7] Er sündigt wider eine der ersten Regeln des Philosophierens: „*Entia non sunt creanda sine necessitate*“, denn wozu Bewußtsein, wo Mechanik reicht? Und wenn Atome empfinden, wozu noch Sinnesorgane? Hr. Haeckel übergeht die doch genügend von mir betonte Schwierigkeit zu begreifen, wie den zahllosen 'Atom-Seelen' das einheitliche

Bewußtsein des Gesamthirnes entspringe. Übrigens gedenke ich seiner Aufstellung nur, um daran die Frage zu knüpfen, warum er es für jesuitisch hält, die Möglichkeit der Erklärung des Bewußtseins aus Anordnung und Bewegung von Atomen zu leugnen, wenn er selber nicht daran denkt, das Bewußtsein so zu erklären, sondern es als nicht weiter zergliederbares Attribut der Atome postuliert?

Einem mehr in Anschauung von Formen geübten Morphologen ist es zu verzeihen, wenn er Begriffe wie Wille und Kraft nicht auseinanderzuhalten vermag.[8] Aber auch von besser geschulter Seite wurden ähnliche Mißgriffe begangen. Anthropomorphische Träumereien aus der Kindheit der Wissenschaft erneuernd, erklärten Philosophen und Physiker die Fernwirkung von Körper auf Körper durch den leeren Raum aus einem den Atomen innewohnenden Willen. Ein wunderlicher Wille in der Tat, zu welchem immer zwei gehören! Ein Wille, der, wie Adelheids im Götz, wollen soll, er mag wollen oder nicht, und das im geraden Verhältnis des Produktes der Massen und im umgekehrten des Quadrates der Entfernungen! Ein Wille, der das geschleuderte Subjekt im Kegelschnitt bewegen muß! Ein Wille fürwahr, der an jenen Glauben erinnert, welcher Berge versetzt, aber in der Mechanik bisher als Bewegungsursache noch nicht verwertet wurde. Zu solchem Widersinn gelangt, wer, anstatt in Demut sich zu bescheiden, die Flagge an den Mast nagelt, und durch lärmende Phraseologie bei sich und anderen den Rausch zu unterhalten sucht, ihm sei gelungen, woran NEWTON verzweifelte. In welchem Gegensatze zu solchem Unterfangen erscheint die weise Zurückhaltung des Meisters, der als Aufgabe der analytischen Mechanik hinstellt, die Bewegungen der Körper zu beschreiben.[9]

Auf alle Fälle zeigt der heftige und weit verbreitete Widerspruch gegen die von mir behauptete Unbegreiflichkeit des Bewußtseins aus mechanischen Gründen, wie unrecht die neuere Philosophie daran tut, diese Unbegreiflichkeit als selbstverständlich vorauszusetzen. Mit Feststellung dieses Punktes, also mit irgendeiner der meinigen entsprechenden Argumentation, scheint vielmehr alles Philosophieren über den Geist anfangen zu müssen. Wäre Bewußtsein mechanisch begreifbar, so gäbe es keine Metaphysik; für das Unbewußte allein bedürfte es keiner anderen Philosophie, als der Mechanik.

Wenn ich hier einen Versuch der Neuzeit anreihe, die andere Schranke des Naturerkennens weiter hinauszurücken, und Licht auf die Natur der Materie zu werfen, um auch ihn als unbefriedigend zu bezeichnen, so ist meine Meinung nicht, ihn mit der Beseelung der Atome gleich niedrig zu stellen. Dieser Versuch ging aus von der Schottischen mathematisch-physikalischen Schule, von Sir WILLIAM THOMSON und jenem Prof. TAIT, dessen Chauvinismus den Streit über LEIBNIZ' Anteil an der Erfindung der Infinitesimalrechnung wieder

6

anfachte, und der sich nicht scheut, Leibniz einen Dieb zu schelten,[10] daher die Ehre, heut in diesem Saale genannt zu werden, ihm eigentlich nicht gebührt. Sir William Thomson und Prof. Tait glauben, daß sich aus den merkwürdigen Eigenschaften, welche Hr. von Helmholtz an den Wirbelringen der Flüssigkeiten entdeckte, mehrere wichtige Eigentümlichkeiten herleiten lassen, die wir den Atomen zuschreiben müssen. Man könne sich unter den Atomen außerordentlich kleine, von Ewigkeit her fort und fort sich drehende, verschiedentlich geknotete Wirbelringe denken.[11] Nichts kann ungerechter sein, als, wie in Deutschland geschah, diese Theorie für eine Wiederbelebung der Cartesischen Wirbel auszugeben. Obwohl in den Wirbelringen die wägbare Materie nicht, wie in den die Eisenteilchen umgebenden Strömchen die Elektrizität, parallel der zum Ringe gebogenen Achse, sondern um diese Achse kreist, fühlt man sich durch die Ampèresche Theorie doch günstig für die Thomsonsche gestimmt. Aber so vorschnell es wäre, Sir William Thomsons sinnreiche Spekulation leichthin abweisen zu wollen, weil sie in vielen Stücken zu kurz kommt, eines kann man schon sicher behaupten: daß sie, so wenig wie irgendeine frühere Vorstellung, die Widersprüche schlichtet, auf welche unser Intellekt bei seinem Bestreben stößt, Materie und Kraft zu begreifen. Denn gelänge es ihr auch, bei der ihr zugrunde liegenden Annahme stetiger Raumerfüllung die verschiedene Dichte der Materie abzuleiten, sie müßte doch die Wirbelbewegung entweder von Ewigkeit her bestehen, oder durch supernaturalistischen Anstoß entstehen lassen, da sie denn vor der zweiten dem Begreifen der Welt sich widersetzenden Schwierigkeit, dem Problem vom Ursprung der Bewegung, alsbald wieder ratlos stände.

Dieser Schwierigkeiten lassen sich im ganzen sieben unterscheiden. Transzendent nenne ich darunter die, welche mir unüberwindlich erscheinen, auch wenn ich mir die in der aufsteigenden Entwickelung ihnen voraufgehenden gelöst denke.

Die erste Schwierigkeit ist das Wesen von Materie und Kraft. Als meine eine Grenze des Naturerkennens ist sie an sich transzendent.

Die zweite Schwierigkeit ist eben der Ursprung der Bewegung. Wir sehen Bewegung entstehen und vergehen; wir können uns die Materie in Ruhe vorstellen; die Bewegung erscheint uns an der Materie als etwas Zufälliges, wofür in jedem einzelnen Falle der zureichende Grund angegeben werden muß. Versuchen wir daher uns einen Urzustand zu denken, in welchem noch keine Ursache auf die Materie eingewirkt hat, so daß in bezug auf Bewegung unserem Kausalitätsbedürfnis keine weitere Frage übrig bleibt, so kommen wir dazu, uns vor unendlicher Zeit die Materie ruhend und im unendlichen Raume gleichmäßig verteilt vorzustellen. Da ein supernaturalistischer Anstoß in unsere Begriffswelt nicht paßt, fehlt es dann am zureichenden Grunde

6*

für die erste Bewegung. Oder wir stellen uns die Materie als von Ewigkeit bewegt vor. Dann verzichten wir von vornherein auf Verständnis in diesem Punkte. Diese Schwierigkeit erscheint mir transzendent.

Die dritte Schwierigkeit ist die erste Entstehung des Lebens. Ich sagte schon öfter und erst eben wieder, daß ich, der hergebrachten Meinung entgegen, keinen Grund sehe, diese Schwierigkeit für transzendent zu halten. Hat einmal die Materie angefangen sich zu bewegen, so können Welten entstehen; unter geeigneten Bedingungen, die wir so wenig nachahmen können, wie die, unter welchen eine Menge unorganischer Vorgänge stattfinden, kann auch der eigentümliche Zustand dynamischen Gleichgewichtes der Materie, den wir Leben nennen, geworden sein. Ich wiederhole es und bestehe darauf: sollten wir einen supernaturalistischen Akt zulassen, so genügte ein einziger solcher Akt, der bewegte Materie schüfe: auf alle Fälle brauchten wir nur einen Schöpfungstag.

Die vierte Schwierigkeit wird dargeboten durch die anscheinend absichtsvoll zweckmäßige Einrichtung der Natur. Organische Bildungsgesetze können nicht zweckmäßig wirken, wenn nicht die Materie zu Anfang zweckmäßig geschaffen wurde; so wirkende Gesetze sind also mit der mechanischen Naturansicht unverträglich. Aber auch diese Schwierigkeit ist nicht unbedingt transzendent. Darwin zeigte in der natürlichen Zuchtwahl eine Möglichkeit, sie zu umgehen, und die innere

Zweckmäßigkeit der organischen Schöpfung sowohl wie ihre Anpassung an die unorganischen Bedingungen durch eine nach Art eines Mechanismus mit Naturnotwendigkeit wirkende Verkettung von Umständen zu erklären. Welcher Grad von Wahrscheinlichkeit der Selektionstheorie zukomme, erwog ich schon früher einmal bei gleicher Gelegenheit an dieser Stelle. „Mögen „wir immerhin," sagte ich, „indem wir an diese Lehre „uns halten, die Empfindung des sonst rettungslos Ver„sinkenden haben, der an eine ihn nur eben über Wasser „tragende Planke sich klammert. Bei der Wahl zwischen „Planke und Untergang ist der Vorteil entschieden auf „seiten der Planke."[12] Daß ich die Selektionstheorie einer Planke verglich, an der ein Schiffbrüchiger Rettung sucht, erweckte im jenseitigen Lager solche Genugtuung, daß man vor Vergnügen beim Weitererzählen aus der Planke einen Strohhalm machte. Zwischen Planke und Strohhalm aber ist ein großer Unterschied. Der auf einen Strohhalm Angewiesene versinkt, eine ordentliche Planke rettete schon manches Menschenleben; und deshalb ist auch die vierte Schwierigkeit bis auf weiteres nicht transzendent, wie zagend ernstes und gewissenhaftes Nachdenken auch immer wieder davor stehe.

Erst die fünfte ist es wieder durchaus: meine andere Grenze des Naturerkennens, das Entstehen der einfachen Sinnesempfindung.

Soeben wurde daran erinnert, wie ich die hypermechanische Natur dieses Problems, folglich seine Transzendenz, bewies. Es ist nicht unnütz zu betrachten, wie dies Leibniz tut. An mehreren Stellen seiner nicht systematischen Schriften findet sich die nackte Behauptung, daß durch keine Figuren und Bewegungen, in unserer heutigen Sprache, keine Anordnung und Bewegung von Materie, Bewußtsein entstehen könne.[13] In den sonst gerade gegen den *Essay on Human Understanding* gerichteten *Nouveaux Essais sur l'Entendement humain* läßt Leibniz den Anwalt des Sensualismus, Philalethes, fast mit Lockes Worten[14] sagen: „Vielleicht wird es angemessen sein, etwas Nachdruck auf „die Frage zu legen, ob ein denkendes Wesen von „einem nicht denkenden Wesen ohne Empfindung und „Bewußtsein, wie die Materie, herrühren könne. Es „ist ziemlich klar, daß ein materielles Teilchen nicht „einmal vermag, irgendetwas durch sich hervorzubringen und sich selber Bewegung zu erteilen. Entweder also muß seine Bewegung von Ewigkeit, oder „sie muß ihm durch ein mächtigeres Wesen eingeprägt „sein. Aber auch wenn sie von Ewigkeit wäre, könnte „sie nicht Bewußtsein erzeugen. Teilt die Materie, „wie um sie zu vergeistigen, in beliebig kleine Teile; „gebt ihr was für Figuren und Bewegungen ihr wollt; „macht daraus eine Kugel, einen Würfel, ein Prisma, „einen Zylinder u. dgl. m., deren Dimensionen nur ein „Tausendmilliontel eines philosophischen Fußes, d. h. „des dritten Teiles des Sekundenpendels unter 45°

„Breite betragen. Wie klein auch dies Teilchen sei, „es wird auf Teilchen gleicher Ordnung nicht anders „wirken, als Körper von einem Zoll oder einem Fuß „Durchmesser es untereinander tun. Und man könnte „mit demselben Recht hoffen, Empfindung, Gedanken, „Bewußtsein durch Zusammenfügung grober Teile „der Materie von bestimmter Figur und Bewegung zu „erzeugen, wie mittels der kleinsten Teilchen in der „Welt. Diese stoßen, schieben und widerstehen einander „gerade wie die groben, und weiter können sie nichts. „Könnte aber Materie, unmittelbar und ohne Maschine, „oder ohne Hilfe von Figuren und Bewegungen, Em„pfindung, Wahrnehmung und Bewußtsein aus sich „selber schöpfen: so müßten diese ein untrennbares „Attribut der Materie und aller ihrer Teile sein.“ Darauf antwortet Theophil, der Vertreter des Leibnizschen Idealismus: „Ich finde diese Schlußfolgerung so „fest begründet wie nur möglich, und nicht nur genau „zutreffend, sondern auch tief, und ihres Urhebers „würdig. Ich bin ganz seiner Meinung, daß es keine „Kombination oder Modifikation der Teilchen der Ma„terie gibt, wie klein sie auch seien, welche Wahr„nehmung erzeugen könnte; da, wie man klar sieht, „die groben Teile dies nicht vermöchten, und in den „kleinen Teilen alle Vorgänge denen in den großen „proportional sind.“[15]

In der später für Prinz Eugen verfaßten 'Monadologie' sagt Leibniz kürzer und mit ihm eigener, charakteristischer Wendung: „Man ist gezwungen zu „gestehen, daß die Wahrnehmung, und was davon ab„hängt, aus mechanischen Gründen, d. h. durch Fi„guren und Bewegungen, unerklärlich ist. Stellt man „sich eine Maschine vor, deren Bau Denken, Fühlen, „Wahrnehmen bewirke, so wird man sie sich in den„selben Verhältnissen vergrößert denken können, so „daß man hineintreten könnte, wie in eine „Mühle. Und dies vorausgesetzt wird man in ihrem „Inneren nichts antreffen als Teile, die einander stoßen, „und nie irgendetwas, woraus Wahrnehmung sich er„klären ließe."[16]

So gelangt Leibniz zu demselben Ergebnis wie wir, doch ist dazu zweierlei zu bemerken. Erstens verlor Lockes von Leibniz angenommene Beweisführung an Bündigkeit durch die Fortschritte der Naturwissenschaft. Denn vom heutigen Standpunkt aus könnte eingewendet werden, daß bei immer feinerer Zerteilung der Materie allerdings ein Punkt kommt, wo sie neue Eigenschaften entfaltet. Es fällt sogar sehr auf, daß weder Locke noch Leibniz daran dachten, wie es keineswegs gleichgültig ist, ob fußgroße Klumpen Kohle, Schwefel und Salpeter neben- und aufeinander ruhen, oder ob diese Stoffe in bestimmtem Verhältnis zu einem Mischpulver verrieben und zu Klümpchen von einer gewissen Feinheit gekörnt sind. Nicht einmal die mechanische Leistung einander ähnlicher Maschinen ist ihrer Größe proportional. Wenn so die Materie nach dem Grad ihrer Zerteilung andere und andere mechanisch verständliche Wirkungen äußert, warum sollte sie bei noch feinerer Zerteilung nicht auch denken, ohne daß diese neue Wirkung aufhörte, mechanisch verständlich zu sein? Um zu dieser nur scheinbar berechtigten, doch vielleicht manche irreleitenden Frage nicht erst Gelegenheit zu geben, ist es besser, Lockes fortschreitende Zerkleinerung der Materie, Leibniz' Gedankenmühle aus dem Spiel zu lassen, und sogleich von der in Atome zerlegten Materie zu beweisen, daß durch keine Anordnung und Bewegung von Atomen das Bewußtsein je erklärt werde.

Die zweite Bemerkung ist, daß wir zwar bis hierher mit Leibniz gehen, aber vorläufig nicht weiter. Aus der Unbegreiflichkeit des Bewußtseins aus mechanischen Gründen schließt er, daß es nicht durch materielle Vorgänge erzeugt werde. Wir begnügen uns damit, jene Unbegreiflichkeit anzuerkennen, der ich gern den drastischen Ausdruck gebe, daß es eben so unmöglich ist zu verstehen, warum Zwicken des N. trigeminus Höllenschmerz verursacht, wie warum die Erregung gewisser anderer Nerven wohltut.[17] Leibniz verlegt das Bewußtsein in die dem Körper zuerteilte Seelenmonade, und läßt durch Gottes Allmacht darin eine den Erlebnissen des Körpers entsprechende Reihe von Traumbildern ablaufen. Wir dagegen häufen Gründe dafür, daß das Bewußtsein an materielle Vorgänge gebunden sei.

Übrigens wurde gegen meinen Beweis der Unmöglichkeit, Bewußtsein mechanisch zu begreifen, von keiner Seite ein Wort vorgebracht; man begnügte sich mit kontradiktorischen Behauptungen. Nach Hrn. Haeckel wäre mein Leipziger Vortrag „im wesentlichen „eine großartige Verleugnung der Entwickelungsge„schichte", indem ich nicht berücksichtige, daß die Menschheit mit der Zeit eine Organisation erreichen werde, die über der jetzigen so hoch stehe, wie diese über der unserer Progenitoren in irgendeiner früheren geologischen Periode.[18] Inzwischen scheint etwa seit Homer unsere Spezies ziemlich stabil; seit Epikur, der schon die Konstanz von Materie und Kraft kannte, ward das Wesen der Körperwelt, seit Platon und Aristoteles das des Geistes nicht verständlicher, und ehe Hrn. Haeckels Vorhersage sich erfüllt, dürfte die Erde unbewohnbar werden. Allein wenn hier einer an der Entwickelungsgeschichte sich versündigte, ist es der Jenenser Prophet. Wie rasch oder langsam auch das menschliche Gehirn fortschreite, es muß innerhalb des gegebenen Typus bleiben, dessen höchstes Erzeugnis das unerreichbare Ideal des Laplaceschen Geistes wäre. Da nun meine Grenzen des Naturerkennens auch für diesen gelten, wird auch durch Entwickelung die Menschheit nie darüber sich fortheben, und wenn Hr. Haeckel gegen meine Argumentation nichts einzuwenden weiß, als die Möglichkeit paratypischer Entwickelung, werde ich wohl recht behalten.

Nicht mit voller Überzeugung stelle ich als sechste Schwierigkeit das vernünftige Denken und den Ursprung der damit eng verbundenen Sprache auf. Zwischen Amöbe und Mensch, zwischen Neugeborenem und Erwachsenem ist sicher eine gewaltige Kluft; sie läßt sich aber bis zu einem gewissen Grade durch Übergänge ausfüllen. Die Entwickelung des geistigen Vermögens in der Tierreihe leistet dies objektiv bis zu den anthropoiden Affen; um beim Einzelwesen von der einfachen Empfindung zu den höheren Stufen geistiger Tätigkeit zu gelangen, bedarf die Erkenntnistheorie wahrscheinlich nur des Gedächtnisses und des Vermögens der Verallgemeinerung.[19] Wie groß auch der zwischen den höchsten Tieren und den niedrigsten Menschen übrigbleibende Sprung und wie schwer die hier zu lösenden Aufgaben seien, bei einmal gegebenem Bewußtsein ist deren Schwierigkeit ganz anderer Art als die, welche der mechanischen Erklärung des Bewußtseins überhaupt entgegensteht: diese und jene sind inkommensurabel. Daher bei gelöstem Problem B, um wieder STRAUSS' Notation anzuwenden, das Problem C mir nicht transzendent erscheint. Wie STRAUSS richtig bemerkt, hängt aber das Problem C eng zusammen mit einem anderen, welches in unserer Reihe als siebentes und letztes auftritt. Dies ist die Frage nach der Willensfreiheit.

Zwar liegt es in der Natur der Dinge, daß alle hier aufgezählten Probleme die Menschheit beschäftigt haben, solange sie denkt. Über Konstitution der Materie, Ursprung des Lebens und der Sprache ist jederzeit, bei allen Kulturvölkern, gegrübelt worden. Doch waren es stets nur wenig erlesene Geister, die bis zu diesen Fragen vordrangen, und wenn auch gelegentlich scholastisches Gezänk um sie sich erhob, reichte doch der Hader kaum über akademische Hallen hinaus. Anders mit der Frage, ob der Mensch in seinem Handeln frei, oder durch unausweichlichen Zwang gebunden sei. Jeden berührend, scheinbar jedem zugänglich, innig verflochten mit den Grundbedingungen der menschlichen Gesellschaft, auf das tiefste eingreifend in die religiösen Überzeugungen, hat diese Frage in der Geistes- und Kulturgeschichte eine Rolle unermeßlicher Wichtigkeit gespielt, und in ihrer Behandlung spiegeln sich die Entwickelungsstadien des Menschengeistes deutlich ab.

Das klassische Altertum hat sich über das Problem der Willensfreiheit den Kopf nicht sehr zerbrochen. Da für die antike Weltanschauung im allgemeinen weder der Begriff unverbrüchlich bindender Naturgesetze, noch der einer absoluten Weltregierung vorhanden war,[20] so lag kein Grund vor zu einem Konflikt zwischen Willensfreiheit und dem herrschenden Weltprinzip. Die Stoa glaubte an ein Fatum, und leugnete demgemäß die Willensfreiheit, die römischen Moralisten stellten diese aber aus ethischem Bedürfnis auf naiv subjektiver Grundlage wieder her. „*Sentit animus se moveri*": — heißt es in den Tusculanen[21] — „*quod quum sentit, illud una sentit se vi sua, non aliena moveri;*" und der stoische Fatalismus wurde durch Anekdoten verspottet, wie die von dem Sklaven des ZENON von Kition, der den begangenen Diebstahl durch das Fatum entschuldigend zur Antwort erhält: Nun wohl, so war es auch dein Fatum geprügelt zu werden. Eine Geschichte, welche heute noch am Bosporus spielen könnte, wo das türkische *Kismeth* an Stelle der stoischen *Ἑιμαρμένη* trat.

Der christliche Dogmatismus (gleichviel wieviel semitische und wieviel hellenistische Elemente zu ihm verschmolzen) war es, der durch die Frage nach der Willensfreiheit in die dunkelsten, selbstgegrabenen Irrwege geriet. Von den Kirchenvätern und Schismatikern, von AUGUSTINUS und PELAGIUS, durch die Scholastiker SCOTUS ERIGENA und ANSELM von Canterbury, bis zu den Reformatoren LUTHER und CALVIN und darüber hinaus, zieht sich der hoffnungslos verworrene Streit über Willensfreiheit und Prädestination. Gott ist allmächtig und allwissend; nichts geschieht, was er nicht von Ewigkeit wollte und vorhersah. Also ist der Mensch unfrei; denn handelte er anders als Gott vorherbestimmt hatte, so wäre Gott nicht allmächtig und allwissend gewesen. Also liegt es nicht in des Menschen Willen, daß er das Gute tue oder sündige. Wie kann er dann für seine Taten verantwortlich sein? Wie verträgt es sich mit Gottes Gerechtigkeit und Güte, daß er den Menschen straft oder belohnt für Handlungen, welche im Grunde Gottes eigene Handlungen sind?

Das ist die Form, in welcher das Problem der Willensfreiheit dem durch heiligen Wahnsinn verfinsterten Menschengeiste sich darstellte. Die Lehre von der Erbsünde, die Fragen nach der Erlösung durch eigenes Verdienst oder durch das Blut des Heilandes, durch den Glauben oder durch die Werke, nach den verschiedenen Arten der Gnade, verwuchsen tausendfältig mit jenem an Spitzfindigkeiten schon hinlänglich fruchtbaren Dilemma, und vom vierten bis zum siebzehnten Jahrhundert widerhallten durch die ganze Christenheit Klöster und Schulen von Disputationen über Determinismus und Indeterminismus. Vielleicht gibt es keinen Gegenstand menschlichen Nachdenkens, über welchen längere Reihen nie mehr aufgeschlagener Folianten im Staube der Bibliotheken modern. Aber nicht immer blieb es beim Bücherstreit. Wütende Verketzerung mit allen Greueln, die der herrschenden Religionspartei gegen Andersdenkende freistanden, hing sich an solche abstruse Kontroversen um so lieber, je weniger damit Vernunft und aufrichtiges Streben nach Wahrheit zu tun hatten.

Wie anders faßt unsere Zeit das Problem der Willensfreiheit auf. Die Erhaltung der Energie besagt, daß, so wenig wie Materie, jemals Kraft entsteht oder vergeht. Der Zustand der ganzen Welt, auch eines menschlichen Gehirnes, in jedem Augenblick ist die unbedingte mechanische Wirkung des Zustandes im vorhergehenden Augenblick, und die unbedingte mechanische Ursache des Zustandes im folgenden Augenblick. Daß unter gegebenen Umständen von zwei Dingen entweder das eine oder das andere geschehen könne, ist undenkbar. Die Hirnmolekeln können stets nur auf bestimmte Weise fallen, so sicher wie Würfel, nachdem sie den Becher verließen. Wiche eine Molekel ohne zureichenden Grund aus ihrer Lage oder Bahn, so wäre das ein Wunder so groß, als bräche der Jupiter aus seiner Ellipse und versetzte das Planetensystem in Aufruhr. Wenn nun, wie der Monismus es sich denkt, unsere Vorstellungen und Strebungen, also auch unsere Willensakte, zwar unbegreifliche, doch notwendige und eindeutige Begleiterscheinungen der Bewegungen und Umlagerungen unserer Hirnmolekeln sind, so leuchtet ein, daß es keine Willensfreiheit gibt; dem Monismus ist die Welt ein Mechanismus, und in einem Mechanismus ist kein Platz für Willensfreiheit.

Der erste, dem die materielle Welt in solcher Gestalt vorschwebte, war Leibniz. Wie ich an dieser Stelle schon öfter bemerklich machte, war seine mechanische Weltanschauung durchaus dieselbe, wie die unsrige. Wenn er die Erhaltung der Energie auch noch nicht wie wir durch verschiedene Molekularvorgänge zu verfolgen vermochte, er war von dieser Erhaltung überzeugt. Er befand sich sämtlichen

Molekularvorgängen gegenüber in der Lage, in welcher wir uns noch einzelnen gegenüber befinden. Da nun LEIBNIZ ebenso fest an eine Geisterwelt glaubte, die ethische Natur des Menschen in den Kreis seiner Betrachtungen zog, ja mit der positiven Religion trefflich sich abfand, so lohnt sich zu fragen, was er von der Willensfreiheit hielt, insbesondere wie er sie mit der mechanischen Weltansicht zu verbinden wußte.

LEIBNIZ war unbedingter Determinist, und mußte es seiner ganzen Lehre nach sein.[22] Er nahm zwei von Gott geschaffene Substanzen an, die materielle Welt und die Welt seiner Monaden. Die eine kann nicht auf die andere wirken; in beiden laufen mit unabänderlich vorherbestimmter Nötigung, vollkommen unabhängig voneinander, aber genau Schritt haltend, miteinander harmonierende Prozesse ab: das mathematisch vor- und rückwärts berechenbare Getriebe der Weltmaschine, und in den zu jedem beseelten Einzelwesen gehörigen Seelenmonaden die Vorstellungen, welche den scheinbaren Sinneseindrücken, Willensakten und Vorstellungen des Wirtes der Monade entsprechen. Der bloße Namen der prästabilierten Harmonie, den LEIBNIZ seinem Systeme gibt, schließt Freiheit aus. Da die Vorstellungen der Monaden nur Traumbilder ohne mechanische Ursache, ohne Zusammenhang mit der Körperwelt sind, so hat es LEIBNIZ leicht, die subjektive Überzeugung von der Freiheit unserer Handlungen zu erklären. Gott hat einfach den Fluß der Vorstellungen der Seelenmonade so geregelt, daß sie frei zu handeln meint.[23]

Bei anderer Gelegenheit schließt sich LEIBNIZ mehr der gewöhnlichen Denkweise an, indem er dem Menschen einen Schein von Freiheit läßt, hinter welchem sich geheime zwingende Antriebe verbergen. Durch den Artikel 'BURIDAN' in seinem *Dictionnaire historique et critique*[24] hatte PIERRE BAYLE wieder die Aufmerksamkeit auf das vielbesprochene, fälschlich jenem Scholastiker zugeschriebene, schon bei DANTE,[25] ja bei ARISTOTELES vorkommende Sophisma gelenkt von

„. . . . . . . dem grauen Freunde,
Der zwischen zwei Gebündel Heu . . ."[26]

elendiglich verhungert, da beiderseits alles gleich ist, er aber als Tier das *franc arbitre* entbehrt. „Es ist „wahr," sagt LEIBNIZ in der Theodicee, „daß, wäre „der Fall möglich, man urteilen müßte, daß er sich „Hungers sterben lassen würde: aber im Grunde han-„delt es sich um unmögliches; es sei denn, daß Gott „die Sache absichtlich verwirkliche. Denn durch eine „den Esel der Länge nach hälftende senkrechte Ebene „könnte nicht auch das Weltall so gehälftet werden, „daß beiderseits alles gleich wäre; wie eine Ellipse „oder sonst eine der von mir *amphidexter* genannten „ebenen Figuren, welche jede durch ihren Mittelpunkt „gezogene Gerade hälftet. Denn weder die Teile des „Weltalls, noch die Eingeweide des Tieres sind auf „beiden Seiten jener senkrechten Ebene einander gleich

„und gleich gelegen. Es würde also immer viel Dinge „im Esel und außerhalb des Esels geben, welche, ob- „schon wir sie nicht bemerken, ihn bestimmen würden, „eher der einen als der anderen Seite sich zuzuwenden. „Und obschon der Mensch frei ist, was der Esel nicht „ist, erscheint doch auch im Menschen der Fall voll- „kommenen Gleichgewichtes der Bestimmungsgründe „für zwei Entschlüsse unmöglich, und ein Engel, oder „wenigstens Gott, würde stets einen Grund für den „vom Menschen gefaßten Entschluß angeben können, „wenn auch wegen der weitreichenden Verkettung der „Ursachen dieser Grund oft sehr zusammengesetzt und „uns selber unbegreiflich wäre.“[27]

Über die Frage, wo beim Determinismus die Verantwortlichkeit des Menschen, die Gerechtigkeit und Güte Gottes bleiben, hilft sich Leibniz mit seinem Optimismus fort. Am Schluß der Theodicee, von der ein großer Teil diesem Gegenstande gewidmet ist, führt er, eine Fiktion des Laurentius Valla fortspinnend,[28] aus, wie es für den Sextus Tarquinius freilich schlimm war, Verbrechen begehen zu müssen, für welche ihm die Strafe nicht erspart werden konnte. Zahllose Welten waren möglich, in denen Tarquinius eine mehr oder minder achtungswerte Rolle gespielt, mehr oder minder glücklich gelebt hätte, darunter solche sogar, wo er als tugendhafter Greis, von seinen Mitbürgern geehrt und beweint, hochbejahrt gestorben wäre: allein Gott mußte vorziehen, diese Welt zu erschaffen, in welcher SEXTUS TARQUINIUS ein Bösewicht wurde, weil voraussichtlich sie die beste, das Verhältnis des Guten zum unumgänglichen Übel für sie ein Maximum war.[29]

Es braucht nicht gesagt zu werden, daß dem Monismus mit diesen immerhin in sich folgerichtigen, aber, um das geringste zu sagen, höchst willkürlichen und das Gepräge des Unwirklichen tragenden Vorstellungen nicht gedient sein kann, und so muß er denn selber seine Stellung zum Problem der Willensfreiheit sich suchen. Sobald man sich entschließt, das subjektive Gefühl der Freiheit für Täuschung zu erklären, ist es auf monistischer Grundlage so leicht, wie bei LEIBNIZ' extremem Dualismus, die scheinbare Freiheit mit der Notwendigkeit zu versöhnen. Die Fatalisten aller Zeiten, worin auch ihre Überzeugung wurzelte, ZENON, AUGUSTINUS, und die Thomisten, CALVIN, LEIBNIZ, LAPLACE,[30] — Jacques und seinen Hauptmann nicht zu vergessen — fanden darin keine Schwierigkeit. Mit mäßiger dialektischer Gewandtheit läßt sich einem jenes von CICERO beschriebene Gefühl wegdisputieren. Auch im Traume fühlen wir uns frei, da doch die Phantasmen unserer Sinnsubstanzen mit uns spielen. Von vielen scheinbar mit bewußter Absicht ausgeführten, weil zweckmäßigen Handlungen wissen wir jetzt, daß sie unwillkürliche Wirkungen gewisser Einrichtungen unseres Nervensystemes sind, der Reflexmechanismen und der sogenannten automatischen Nervenzentren. Wenn wir auf den Fluß unserer Gedanken achten, bemerken wir bald, wie unabhängig von unserem Wollen Einfälle kommen, Bilder aufleuchten und verlöschen. Sollten unsere vermeintlichen Willensakte in der Tat viel willkürlicher sein? Sind übrigens alle unsere Empfindungen, Strebungen, Vorstellungen nur das Erzeugnis gewisser materieller Vorgänge in unserem Gehirn, so kann ja der Molekularbewegung, mit welcher die Willensempfindung zum Heben des Armes verbunden ist, auch sogleich der materielle Anstoß entsprechen, der die Hebung des Armes rein mechanisch bewirkt, und es bleibt also beim ersten Blick gar kein Dunkel mehr zurück.

Das Dunkel zeigt sich aber für die meisten Naturen, sobald man die physische Sphäre mit der ethischen vertauscht. Denn man gibt leicht zu, daß man nicht frei, sondern als Werkzeug verborgener Ursachen handelt, solange die Handlung gleichgültig ist. Ob Cäsar in Gedanken die rechte oder linke Caliga zuerst anlegt, bleibt sich gleich, in beiden Fällen tritt er gestiefelt aus dem Zelt. Ob er den Rubikon überschreitet oder nicht, davon hängt der Lauf der Weltgeschichte ab. So wenig frei sind wir in gewissen kleinen Entschließungen, daß ein Kenner der menschlichen Natur mit überraschender Sicherheit vorhersagt, welche Karte von mehreren unter bestimmten Bedingungen hingelegten wir aufnehmen werden. Aber auch der entschlossenste Monist vermag den ernsteren Forderungen des praktischen Lebens gegenüber die

Vorstellung nur schwer festzuhalten, daß das ganze menschliche Dasein nichts sei als eine *Fable convenue*, in welcher mechanische Notwendigkeit dem Cajus die Rolle des Verbrechers, dem Sempronius die des Richters erteilte, und deshalb Cajus zum Richtplatz geführt wird, während Sempronius frühstücken geht. Wenn Hr. von Stephan uns berichtet, daß auf hunderttausend Briefe jahraus jahrein so und so viel entfallen, welche ohne Adresse in den Kasten geworfen werden,[31] denken wir uns nichts Besonderes dabei. Aber daß nach Quetelet unter hunderttausend Einwohnern einer Stadt jahraus jahrein naturnotwendig so und so viel Diebe, Mörder und Brandstifter sind,[32] das empört unser sittliches Gefühl; denn es ist peinlich, denken zu müssen, daß wir nur deshalb nicht Verbrecher wurden, weil andere für uns die schwarzen Lose zogen, die auch unser Teil hätten werden können.

Wer gleichsam schlafwandelnd durch das Leben geht, ob er in seinem Traum die Welt regiere oder Holz hacke; wer als Historiker, Jurist, Poet in einseitiger Beschaulichkeit mehr mit menschlichen Satzungen und Leidenschaften, oder wer naturforschend und -beherrschend ebenso beschränkten Blickes nur mit Naturgesetzen verkehrt: der vergißt jenes Dilemma, auf dessen Hörner gespießt unser Verstand gleich der Beute des Neuntöters schmachtet; wie wir die Doppelbilder vergessen, welche Schwindel erregend uns sonst überall verfolgen würden. In um so verzweifelteren

Anstrengungen, solcher Qual sich zu entwinden, erschöpft sich die kleine Schar derer, die mit dem Rabbi von Amsterdam das All *sub specie aeternitatis* anschauen: es sei denn, daß sie wie Leibniz getrost die Selbstbestimmung sich absprechen. Die Schriften der Metaphysiker bieten eine lange Reihe von Versuchen, Willensfreiheit und Sittengesetz mit mechanischer Weltordnung zu versöhnen. Wäre ihrer einem, etwa Kant, diese Quadratur wirklich gelungen, so hätte wohl die Reihe ein Ende. So unsterblich pflegen nur unbesiegbare Probleme zu sein.[33]

Minder bekannt als diese metaphysischen sind die neuerlich in Frankreich hervorgetretenen, auf dasselbe Ziel gerichteten mathematischen Bestrebungen. Sie knüpfen an Descartes' verunglückten Versuch an, die Wechselwirkung zwischen Seele und Leib, der von ihm angenommenen geistigen und materiellen Substanz zu erklären. Obschon nämlich Descartes die Quantität der Bewegung in der Welt für konstant hielt, und obschon er nicht glaubte, daß die Seele Bewegung erzeugen könne, meinte er doch, daß die Richtung der Bewegung durch die Seele bestimmt werde.[34] Leibniz zeigte, daß nicht die Summe der Bewegungen, sondern die der Bewegungskräfte konstant ist, und daß auch die in der Welt vorhandene Summe der Richtkräfte oder des Fortschrittes nach irgendeiner im Raume gezogenen Achse dieselbe bleibt. So nennt er die algebraische Summe der jener Achse parallelen

Komponenten aller mechanischen Momente. Nach letzterem, von DESCARTES übersehenen Satze könne auch die Richtung von Bewegungen nicht ohne entsprechenden Kraftaufwand bestimmt oder verändert werden. Wie klein man sich solchen Kraftaufwand auch denke, er mache einen Teil des Naturmechanismus aus, und könne nicht der geistigen Substanz zugeschrieben werden.[35] Eine Einsicht, zu welcher es wohl kaum des von LEIBNIZ herangezogenen Apparates bedurfte, da der Hinweis auf GALILEIS Bewegungsgesetze genügt.

Der verstorbene Mathematiker COURNOT in Dijon,[36] Hr. BOUSSINESQ, Professor in Lille,[37] und der durch seine Arbeiten über Elastizität rühmlich bekannte Pariser Akademiker Hr. DE SAINT-VENANT[38] haben sich nacheinander die Aufgabe gestellt, die Bande des mechanischen Determinismus durch den Nachweis zu sprengen, daß, LEIBNIZ' Behauptung entgegen, ohne Kraftaufwand Bewegung erzeugt oder die Richtung der Bewegung geändert werden könne. COURNOT und Hr. DE SAINT-VENANT führen dazu den der deutschen physiologischen Schule längst[39] geläufigen Begriff der Auslösung *(décrochement)* ein. Sie glauben, daß die zur Auslösung der willkürlichen Bewegung nötige Kraft nicht nur verhältnismäßig sehr klein, sondern Null sein könne. Hr. BOUSSINESQ seinerseits weist auf gewisse Differentialgleichungen der Bewegung hin, deren Integrale singuläre Lösungen derart zulassen, daß der Sinn der weiteren Bewegung zweideutig oder völlig unbestimmt wird.

Schon Poisson hatte auf diese Lösungen als auf eine Art mechanischen Paradoxons aufmerksam gemacht.[40]

Solch ein Fall ist beispielsweise der, wo einem schweren Punkt am Mantel eines reibungslosen Kegels mit senkrechter Achse und aufwärts gerichteter Spitze in der Richtung auf die Spitze zu die Geschwindigkeit erteilt wird, welche er von der Spitze frei herabfallend in derselben wagerechten Ebene erlangen würde. Er kommt dann auf der Spitze mit der Geschwindigkeit Null an, und bleibt in Ruhe, bis es, nach Hrn. Boussinesqs Annahme, einem dort hausenden *'Principe directeur'* gefällt, ihm in beliebiger Richtung einen ihn der Unterstützung beraubenden Anstoß zu erteilen, der, obschon mechanisch gleich Null, doch imstande sein soll, ihn am Kegelmantel wieder herabgleiten zu lassen. Einen Punkt einer Kurve oder Fläche, wo dergleichen sich ereignen kann, nennt Hr. Boussinesq *Point d'arrêt*, einen Punkt, wo die Bahn sich gabelt, *Point de bifurcation*, und er meint, daß solche Punkte es seien, wo im Organismus ein immaterielles Prinzip mechanische Wirkungen erzeugen könne.[41]

Cournot glaubt der auslösenden Kraft gleich Null, Hr. Boussinesq der Integrale mit singulären Lösungen schon zu bedürfen, um dadurch, in Verbindung mit dem 'lenkenden Prinzipe', die Mannigfaltigkeit und Unbestimmbarkeit der organischen Vorgänge zu erklären. Die deutsche physiologische Schule, längst gewöhnt, in den Organismen nichts zu sehen als eigenartige

Mechanismen, wird sich mit dieser Auffassung schwerlich befreunden, und trotz den gegenteiligen Versicherungen, trotz der von Hrn. BOUSSINESQ angerufenen Auktorität CLAUDE BERNARDS[42], hinter dem 'lenkenden Prinzipe' die in Frankreich stets, unter der einen oder anderen Gestalt und Benennung, wieder auftauchende Lebenskraft fürchten. COURNOTS vitalistische Denkweise liegt völlig am Tage.

Dabei sei bemerkt, daß Hr. BOUSSINESQ mich mißversteht, wenn er mich in den 'Grenzen des Naturerkennens' sagen läßt, ein Organismus unterscheide sich von einer Kristallbildung, etwa von Eisblumen oder dem Dianabaum, nur durch größere Verwickelung. Ich lege im Gegenteil Wert darauf, den Umstand genau bezeichnet zu haben, in welchem mir alle die sinnfälligen Unterschiede zu wurzeln scheinen, die jederzeit und überall die Menschheit trieben, in der lebenden und der toten Natur zwei verschiedene Reiche zu erkennen, obschon, unserer jetzigen Überzeugung nach, in beiden dieselben Kräfte walten. Dieser Umstand ist der, daß in den unorganischen Individuen, den Kristallen, die Materie sich in stabilem Gleichgewicht befindet, während in den organischen Individuen, den Lebewesen, mehr oder minder vollkommenes dynamisches Gleichgewicht der Materie herrscht, bald mit positiver, bald mit negativer Bilanz. Während der das Tier durchrauschende Strom von Materie der Umwandlung potentieller in kinetische Energie dient, erklärt er zugleich die Abhängigkeit des Lebens von äußeren Bedingungen, den integrierenden oder Lebensreizen der älteren Physiologie, und die Vergänglichkeit des Organismus gegenüber der Ewigkeit des bedürfnislos in sich ruhenden Kristalls.[43]

Unseres Bedünkens kann die Theorie des unbewußten Lebens ohne sich gabelnde oder unbestimmt werdende Integrale und ohne 'lenkendes Prinzip' auskommen. Andererseits ist zu bezweifeln, daß damit, oder mit der Auslösung, in dem Streit zwischen Willensfreiheit und Notwendigkeit irgend etwas auszurichten sei. Hrn. Paul Janets empfehlender Bericht an die *Académie des Sciences morales et politiques*,[44] dessen lichtvolle Schönheit ich höchlich bewundere, läßt auf die Verantwortung der drei Mathematiker hin die Möglichkeit eines mechanischen Indeterminismus gelten. Indem aber diese Lehre von der Behauptung, die auslösende Kraft könne unendlich klein sein, übergeht zu der, sie könne auch wirklich Null sein, scheint sie von einem in der Infinitesimalrechnung unter ganz anderen Bedingungen üblichen Verfahren unstatthaften Gebrauch zu machen. Erstere Behauptung will doch nur sagen, daß die auslösende Kraft im Vergleich zur ausgelösten Kraft verschwindend klein sein könne. So verschwindet die Kraft des Flügelschlages einer Krähe, welcher die Lawine zu Fall bringt, gegen die Kraft der schließlich zu Tal stürzenden Schneemassen, d. h. wir können eine der ersteren gleiche Kraft bei Messung der letzteren vernachlässigen, weil sie bei keiner ziffermäßigen Erwägung merklichen Einfluß übt, auch weit innerhalb der Grenzen der Beobachtungsfehler fällt. Aber wie winzig, vom Tal aus betrachtet, neben der rasenden Gewalt der Lawine der Flügelschlag hoch oben erscheint, in der Nähe bleibt er ein Flügelschlag, dem ein bestimmtes Gewicht auf bestimmte Höhe gehoben entspricht. Im Wesen der Auslösung liegt, daß auslösende und ausgelöste Kraft voneinander unabhängig, durch kein Gesetz verknüpft sind; nach Jul. Rob. Mayers treffendem Ausdruck ist die Auslösung überhaupt kein Gegenstand mehr für die Mathematik.[45] Daher es mindestens ungenau ist zu sagen, „das Verhältnis der auslösenden zur ausgelösten Kraft strebe „der Grenze Null zu,“[46] ohne hinzuzufügen, daß dies nur auf einem im Sinne der auslösenden Kraft zufälligen Wachsen der ausgelösten Kraft beruhe, also in unserem Beispiel bei sich gleichbleibendem Flügelschlag auf immer größerer Höhe, Steilheit, Glätte der Bergwand, immer mächtigerer Anhäufung von Schnee, u. dgl. m. So wenig kann die auslösende Kraft an sich wahrhaft Null sein, daß, soll nicht die Auslösung versagen, sie nicht einmal unter einen gewissen, von den Umständen abhängigen ‘Schwellenwert’ sinken darf; und es ist also nicht daran zu denken, mit Hilfe der Auslösung zu erklären, wie eine geistige Substanz materielle Änderungen bewirke.

Was die von Hrn. Boussinesq vorgeschlagene Lösung

betrifft, so ist der schwere Punkt im *Point d'arrêt* einfach in labilem Gleichgewicht liegen geblieben, und um die Folgen dieser Lagerung zu erwägen, war nicht nötig, ihn erst durch Integration hinauf zu befördern. In der Tat unterscheidet sich der Fall nur durch abstrakte Ausdrucksweise und mathematische Einkleidung von dem Dantes oder Buridans, der sich auch so formulieren läßt, daß das hungernde Geschöpf sich

„*Intra duo cibi, distanti e moventi*
„*D'un modo* . . .,“

in labilem Gleichgewicht befinde. Kein ‘lenkendes Prinzip’ immaterieller Natur vermag den schweren Punkt auf der Spitze des Kegels um die kleinste Größe zu verschieben; unter allen Umständen gehört dazu eine wenn auch noch so kleine mechanische Kraft. Könnte dies eine Kraft gleich Null, so verschwände zugleich unsere zweite transzendente Schwierigkeit, Entstehung der Bewegung bei gleichmäßiger Verteilung der Materie im unendlichen Raum: da es an einem Anstoß gleich Null ja nirgend fehlt.[47]

Hr. Boussinesq bringt auch die bekannte Frage zur Sprache, was die Folge der Umkehr aller Bewegungen in der Welt wäre. Denkt man sich den Weltmechanismus nur aus umkehrbaren Vorgängen bestehend, und in einem gegebenen Augenblick die Bewegungen aller großen und kleinen Teile der Materie mit gleicher Geschwindigkeit in gleicher Richtung umgekehrt, wie die eines zurückgeworfenen Balles, so müßte die Geschichte der materiellen Welt sich rückwärts wieder abspielen. Alles, was je sich ereignet, trüge sich in umgekehrter Ordnung nach gemessener Frist wieder zu, das Huhn würde wieder zum Ei, der Baum wüchse rückwärts zum Samen, und nach unendlicher Zeit hätte der Kosmos wieder zum Chaos sich aufgelöst.[48] Welche Empfindungen, Strebungen, Vorstellungen begleiteten nun wohl die verkehrten Bewegungen der Hirnmolekeln? Wären die geistigen Zustände nur an Stellungen von Atomen geknüpft, so würden mit denselben Stellungen dieselben Zustände wiederkehren, was zu wunderlichen Folgerungen, beispielsweise zu der führt, daß unmittelbar vor einem Willensakte jedesmal das Umgekehrte von dem Gewollten geschähe. Wir können uns aber die Erwägung der hier denkbaren Möglichkeiten sparen. Nicht nur, wie Hr. Boussinesq ausführt, wegen der sich gabelnden oder unbestimmt werdenden Integrale, sondern auch sonst ist die Annahme falsch, daß so die Kurbel der Weltmaschine auf 'Rückwärts' gestellt werden könnte. Unter anderem würde die durch Reibung in Wärme umgewandelte Massenbewegung nicht wieder in denselben Betrag mit verändertem Vorzeichen gleichgerichteter Massenbewegung zurückverwandelt werden. Die verkehrte Welt bleibt ein unmögliches mechanisches Phantasiestück, aus welchem über Zustandekommen von Bewußtsein und über Willensfreiheit nichts sich folgern läßt.

Mit unserer siebenten Schwierigkeit also steht es

so, daß sie keine ist, wofern man sich entschließt, die Willensfreiheit zu leugnen und das subjektive Freiheitsgefühl für Täuschung zu erklären, daß aber anderenfalls sie für transzendent gelten muß; und es ist dem Monismus nur ein schlechter Trost, daß er den Dualismus in das gleiche Netz in dem Maß hilfloser verstrickt sieht, wie dieser mehr Gewicht auf das Ethische legt. In diesem Sinne schrieb ich einst, in der Vorrede zu meinen 'Untersuchungen über tierische Elektrizität', die Worte, auf welche sich jetzt STRAUSS gegen mich berief:[49] „Die analytische Mechanik reicht bis zum „Problem der persönlichen Freiheit, dessen Erledigung „Sache der Abstraktionsgabe jedes einzelnen bleiben „muß."[50] Es kam aber später, ich mache daraus kein Hehl, für mich der Tag von Damaskus. Wiederholtes Nachdenken zum Zweck meiner öffentlichen Vorlesungen 'Über einige Ergebnisse der neueren Naturforschung' führte mich zur Überzeugung, daß dem Problem der Willensfreiheit mindestens noch drei transzendente Probleme vorhergehen: außer dem schon früher von mir erkannten des Wesens von Materie und Kraft, das der ersten Bewegung und das der ersten Empfindung in der Welt.

Daß die sieben Welträtsel hier wie in einem mathematischen Aufgabenbuch hergezählt und numeriert wurden, geschah wegen des wissenschaftlichen *Divide et impera.* Man kann sie auch zu einem einzigen Problem, dem Weltproblem, zusammenfassen.[51]

Der gewaltige Denker, dessen Gedächtnis wir heute feiern, glaubte dies Problem gelöst zu haben: er hatte sich die Welt zu seiner Befriedigung zurechtgelegt. Könnte Leibniz, auf seinen eigenen Schultern stehend, heut unsere Erwägungen teilen, er sagte sicher mit uns

'Dubitemus'.

Anmerkungen.

1 (S. 72.) „Dieses *'Ignorabimus'* ist dasselbe, welches „die Berliner Biologie dem fortschreitenden Entwickelungs-„gange der Wissenschaft als Riegel vorschieben will. Dieses „scheinbar demütige, in der Tat aber vermessene *'Igno-„rabimus'* ist das *'Ignoratis'* des unfehlbaren Vatikans und „der von ihm angeführten 'schwarzen Internationale', jener „unheilbrütenden Schar, mit welcher der moderne Kultur-„staat jetzt endlich, endlich den ernsten 'Kulturkampf' be-„gonnen hat. In diesem Geisteskampfe . . . stehen auf der „einen Seite unter dem lichten Banner der Wissenschaft: „Geistesfreiheit und Wahrheit . . ., auf der anderen Seite „unter der schwarzen Fahne der Hierarchie: Geistes-„knechtschaft und Lüge . . ." ERNST HAECKEL, Anthropogenie oder Entwickelungsgeschichte des Menschen. Leipzig 1874. S. XII ff.; — dritte Auflage. 1877. S. XV ff.

2 (S. 73.) Vergl. die Rede über LA METTRIE in den Monatsberichten usw. 1875. S. 104. 105; — Reden usw. Erste Folge. S. 29.

3 (S. 74.) S. oben S. 65. Anm. 37.

4 (S. 75.) „Ein Nachwort als Vorwort zu den neuen Auflagen meiner Schrift: 'Der alte und der neue Glaube'." Gesammelte Schriften von DAVID FRIEDRICH STRAUSS usw. Eingeleitet usw. von EDUARD ZELLER. Bd. VI. Bonn 1876. S. 267.

5 (S. 76.) S. oben S. 48. 49.

6 (S. 79.) ERNST HAECKEL, Die Perigenesis der Plastidule oder die Wellenzeugung der Lebensteilchen. Ein Versuch zur mechanischen Erklärung der elementaren Lebensvorgänge. Berlin 1876. S. 38. 39.

7 (S. 79.) LA METTRIE, Monatsberichte usw. 1875. S. 101. 102; — Reden usw. Erste Folge. S. 197. 198.

8 (S. 80.) Auch Hr. VON NÄGELI glaubt an Beseelung und willkürliche Bewegung der Molekeln. S. seinen in der zweiten allgemeinen Sitzung der 50. Versammlung Deutscher Naturforscher und Ärzte zu München am 20. September 1877 zur Widerlegung meiner Leipziger Rede gehaltenen Vortrag: 'Die Schranken der naturwissenschaftlichen Erkenntnis'. Im Tageblatt der Versammlung. Beilage. September 1877. S. 16; — auch im Anhange zu Hrn. VON NÄGELIS 'Mechanisch-physiologischer Theorie der Abstammungslehre', München und Leipzig 1884, S. 597.

9 (S. 81.) GUSTAV KIRCHHOFF, Vorlesungen über mathematische Physik. Mechanik. Leipzig 1876. S. III. 1.

10 (S. 82.) Nature: a weekly illustrated Journal of Science. vol. V. p. 81 (Nov. 30, 1871); — vol. XIX. p. 288 (Jan. 30, 1879). — Vergl. meine Rede über das Nationalgefühl in den Monatsberichten usw. 1878. S. 241 ff.; — Reden usw. Erste Folge. S. 327 ff.

11 (S. 82.) P. G. TAIT, Lectures on Some Recent Advances in Physical Science with a special Lecture on Force. Third Edition, revised. London 1885. p. 294 sqq. — Die Theorie der Wirbelringe ist neuerlich von J. J. THOMSON erweitert worden (The Motion of Vortex Rings. London 1883). — Vergl. OSBORNE REYNOLDS, in: Nature. Dec. 27. 1883. vol. XXIX. Nr. 739. p. 193.

12 (S. 85.) Vergl. meine Rede: DARWIN *versus* GALIANI.

8

Monatsberichte usw. 1876. S. 400; — Reden usw. Erste Folge. S. 229.

13 (S. 86.) G. G. LEIBNITII Opera philosophica. Ed. ERDMANN. Berolini 1840. 4°. p. 203 Réplique aux réflexions . . . de Mr. BAYLE); — p. 463 (Commentatio de Anima Brutorum, § IV).

14 (S. 86.) The Works of JOHN LOCKE in ten volumes. 11th Ed. Vol. III. London 1812. p. 55. 56.

15 (S. 87.) LEIBNITII Opera etc. L. c. p. 375. 376. — Cfr. p. 185. 203.

16 (S. 88.) LEIBNITII Opera etc. L. c. p. 706. — LEIBNIZ konnte wohl bei dem Prinzen die Kenntnis keiner anderen großen Maschine voraussetzen, als einer Mühle. Ihm selber war die Dampf-(Feuer-)Maschine eine ganz vertraute Vorstellung (LEIBNIZens und HUYGENS' Briefwechsel mit PAPIN, nebst der Biographie PAPINS usw. Bearbeitet und auf Kosten der Königl. preußischen Akademie der Wissenschaften herausgegeben von Dr. E. GERLAND. Berlin 1881).

17 (S. 89.) Vergl. oben S. 42. 43.

18 (S. 90.) Anthropogenie oder Entwickelungsgeschichte des Menschen usw. A. a. O. — Vergl. oben S. 64.

19 (S. 91.) JOH. MÜLLER, Handbuch der Physiologie des Menschen usw. Bd. II. 3. Abt. Koblenz 1840. S. 519.

20 (S. 92.) Vergl. meinen am 24. März 1877 zu Cöln gehaltenen Vortrag über: Kulturgeschichte und Naturwissenschaft. Zweiter Abdruck. Leipzig 1878. S. 29. 30; — Reden usw. Erste Folge. S. 264. 265.

21 (S. 93.) M. TULLII CICERONIS Scripta quae manserunt omnia. Recognovit REINHOLDUS KLOTZ. Partis IV.

vol. I. Lipsiae 1872. p. 261. 262 (Tusculanarum Disputationum Lib. I. Cap. 23).

22 (S. 96.) Vergl. unter anderem: Lettre à Mr. BAYLE (1702) Opera etc. p. 191. „Pour ce qui est du franc „arbitre, je suis de l'avis des Thomistes et autres philosophes, „qui croient que tout est prédéterminé."

23 (S. 97.) Vergl. LEIBNIZische Gedanken usw. Monatsberichte usw. 1870. S. 839. 840; — Reden usw. Erste Folge. S. 38. 39; — DARWIN *versus* GALIANI. Monatsberichte usw. 1876. S. 401. 402; — Reden usw. A. a. O. S. 230. 231.

24 (S. 97.) Dictionnaire historique et critique etc. Cinquième Édition. A Amsterdam etc. 1740. Fol. t. I. p. 708 et suiv.

25 (S. 97.) Il Paradiso. Canto quarto. v. 1 sqq. — Bei DANTE steht aber der „freie" Mensch selber an Stelle des erst später eingeführten Esels.

26 (S. 97.) VOLTAIRE ist schon HEINE in der dichterischen Verwendung des BURIDANschen Esels zuvorgekommen. La Pucelle. Chant XII. v. 16 et suiv.

27 (S. 98.) Théodicée. Essais sur la Bonté de Dieu, la Liberté de l'Homme et l'Origine du Mal. Partie I. 49 (Opera etc. p. 517). BURIDANS Esel kommt bei LEIBNIZ noch vor: l. c. p. 225. 448. 449. 594. — Zur Theodicee vergl. die deutsche Ausgabe mit Einleitung und Erläuterungen von ROBERT HABS, Leipzig bei Ph. Reclam jun. 1883.

28 (S. 98.) LAURENTII VALLAE Opera etc. Basileae apud Henrichum Petrum, Mense Augusto, Anno MDXLIII. (Gr. 8°.) p. 1005. (In der Schrift: De Libero Arbitrio ad Garsam Episcopum Illerdensem.)

29 (S. 99.) L. c. p. 620. (Partie III. § 405 sqq.)

30 (S. 99.) S. oben S. 52. 53.

8*

31 (S. 101.) In England 1·2, in Deutschland noch nicht 0·6 Briefe, wie der 'Weltpostmeister' mir freundlichst mitteilte.

32 (S. 101.) Sur l'Homme et le Développement de ses Facultés, ou Essai de Physique sociale. Bruxelles 1836. t. II. p. 171 et suiv.

33 (S. 102.) Eine der merkwürdigsten Äußerungen über das Problem der Willensfreiheit findet sich in dem unlängst erschienenen Briefwechsel GALIANIS. „La persuasion de la liberté," sagt er, „constitue l'essence de „l'homme. On pourrait même définir l'homme, un animal „qui se croit libre . . . Il est absolument impossible à „l'homme d'oublier un seul instant, et de renoncer à la „persuasion qu'il a d'être libre. Voilà donc un premier „point. Second point: être persuadé d'être libre est-il la „même chose qu'être libre en effet? je réponds: ce n'est „pas la même chose, mais cela produit les mêmes effets „en morale. L'homme est donc libre, puisqu'il est inti„mement persuadé de l'être, et que cela vaut tout autant „que la liberté. Voilà donc le mécanisme de l'univers „expliqué clair comme de l'eau de roche. S'il y avait un „seul être libre dans l'univers, il n'y aurait plus de Dieu. „L'univers se détraquerait; et si l'homme n'était pas inti„mement, essentiellement convaincu toujours d'être libre, „le moral humain n'irait plus comme il va. La conviction „de la liberté suffit pour établir une conscience, un remords, „une justice, des recompenses et des peines. Elle suffit „à tout; et voilà le monde expliqué en deux mots." (L'abbé F. GALIANI. Correspondance etc. Par LUCIEN PEREY et GASTON MAUGRAS. I. Paris 1881. p. 483. 484.)

34 (S. 102.) S. oben S. 35.

35 (S. 103.) LEIBNITII Opera etc. p. 133: „. . . il se „*conserve* non seulement la même quantité de la force

„mouvante, mais encore *la même quantité de direction vers* „*quel côté qu'on la prenne dans le monde.* C'est-à-dire: menant „une ligne droite telle qu'il vous plaira, et prenant encore „des corps tels et tant qu'il vous plaira; vous trouverez, en „considérant tous ces corps ensemble, sans omettre aucun „de ceux qui agissent sur quelqu'un de ceux que vous avez „pris, qu'il y aura toujours la même quantité de progrès „du même côté dans toutes les parallèles à la droite que „vous avez prise: prenant garde qu'il faut estimer la „somme du progrès, en ôtant celui des corps qui vont „en sens contraire du celui de ceux qui vont dans le sens „qu'on a pris." — Cfr. p. 108. 429. 430. 520. 645. 702. 711. 723.

36 (S. 103.) Traité de l'enchaînement des idées fondamentales dans les Sciences es dans l'Histoire. 1861. t. I. p. 364 et suiv.

37 (S. 103.) Conciliation du véritable Déterminisme mécanique avec l'existence de la Vie et de la Liberté morale. (Extrait des Mémoires de la Société des Sciences, de l'Agriculture et des Arts de Lille, année 1878, t. VI, 4e Série.) Paris 1878. — S. auch Comptes rendus etc. 19 Février 1877. t. LXXXIV. p. 362.

38 (S. 103.) Accord des lois de la Mécanique avec la liberté de l'homme dans son action sur la matière. Comptes rendus etc. 5 Mars 1877. t. LXXXIV. p. 419 et suiv.

39 (S. 103.) Man sehe meine Auseinandersetzungen in: Die Fortschritte der Physik im Jahre 1847. Dargestellt von der physikalischen Gesellschaft zu Berlin. Bd. III. Berlin 1850. S. 415; — Über tierische Bewegung. Rede, gehalten im Verein für wissenschaftliche Vorträge am 22. Februar 1851. Berlin 1851. S. 25. 26; — Reden usw. Zweite Folge. S. 47. 48. — Gedächtnisrede auf JOHANNES MÜLLER.

Aus den Abhandlungen der Akademie. 1859. Berlin 1860. 4°. S. 88; — Reden a. a. O. S. 218.

40 (S. 104.) Journal de l'École Polytechnique. XIIIe Cahier. t. VI. 1806. p. 63. 106.

41 (S. 104.) Hrn. Boussinesqs Worte sind: „... C'est „aux bifurcations d'intégrales des équations de mouvement „qu'un principe directeur n'a besoin d'aucune force mé-„canique pour conduire la système matériel en qui il réside: „c'est là que tout *travail décrochant* devient superflu, là „seulement que la *vie* peut influer sur les faits d'une manière „qui lui soit propre, c'est-à-dire sans emprunter le mode „d'action des forces physiques." (Conciliation etc. l. c. p. 33. 140.)

42 (S. 105.) Claude Bernard, Rapport sur les progrès et la marche de la Physiologie générale en France. Paris 1867. p. 223. 233 Note.

43 (S. 106.) Boussinesq, l. c. p. 38. — Vergl. oben S. 30.

44 (S. 106.) Comptes rendus de l'Académie des Sciences morales et politiques. 1878. t. IX. p. 696 et suiv. — Abgedruckt bei Boussinesq, l. c. p. 3 et suiv.

45 (S. 107.) J. R. Mayer, die Torricellische Leere und über Auslösung. Stuttgart 1876. S. 11.

46 (S. 107.) De Saint-Venant, l. c. p. 422: „Nous „avons dit que la production des plus immenses effets „n'exigeait qu'un échange adéquat des deux espèces d'éner-„gie," — potentielle, et actuelle ou cinétique — „*et que la* „*proportion du travail déterminant le commencement de cet* „*échange tendait vers une limite zéro.* Rien n'empêche donc „de supposer que l'union toute mystérieuse du sujet à son „organe ait été étab lietelle, qu'elle puisse, *sans travail mé-* „*canique,* y déterminer le commencement de pareils échan-„ges." Die kursiv gedruckten Worte habe ich hervorgehoben.

47 (S. 108.) Hr. J. DELBOEUF in Lüttich hat seitdem einen anderen Weg vorgeschlagen, mechanischen Determinismus und Willensfreiheit zu versöhnen. Er nimmt an, daß das frei handelnde Lebewesen den Antrieb zu der ihm mechanisch aufgedrängten Handlung zu hemmen vermag (Bulletins de l'Académie royale des Sciences etc. de Belgique, 3me Serie, 1881. t. I. p. 463 et suiv.; — 1882. t. III. p. 145 et suiv.). Eine ähnliche Lösung findet sich schon bei LOCKE (Essay on Human Understanding. Works etc. vol. I. p. 249. 252). Es läßt sich dagegen einwenden, daß die Möglichkeit, dem Antriebe nach Belieben nachzugeben oder ihn zu unterdrücken, Freiheit voraussetzt, daher die Lösung im Zirkel sich dreht.

48 (S. 109.) Hr. BOUSSINESQ führt (l. c. p. 84 et suiv.) über diesen Gegenstand eine Schrift von dem Ingénieur en chef PHILIPPE BRETON an unter dem Titel: *La Réversion ou le monde à l'envers*, Paris 1876, welche ich mir nicht verschaffen konnte. Eine ähnliche Vorstellung wurde schon vor Jahren von FECHNER drastisch ausgemalt unter dem Titel 'Verkehrte Welt' (Dr. Mises, kleine Schriften. Leipzig 1875. S. 339).

49 (S. 110.) A. a. O. 267.

50 (S. 110.) S. oben S. 44.

51 (S. 110.) In der Anm. 16 zu seinem in der 53. Versammlung deutscher Naturforscher und Ärzte zu Eisenach am 18. September 1882 gehaltenen Vortrage: Die Naturanschauung von DARWIN, GOETHE und LAMARCK (Jena 1882) sagt Hr. HAECKEL: „Außerdem nimmt unser monistisches „Bekenntnis nur ein einziges 'Welträtsel' an, während „DU BOIS-REYMOND deren damals schon zwei annahm, neuer„dings aber sogar sieben! Vermutlich wird bei dieser „rückläufigen Entwickelung die Zahl derselben beständig

„steigen." Am Schluß der Grenzen des Naturerkennens (s. oben S. 50. 51) heißt es ausdrücklich: „Schließlich entsteht „die Frage, ob die beiden Grenzen unseres Naturerkennens „nicht vielleicht die nämlichen seien . . . Freilich ist diese „Vorstellung die einfachste usw.," — und an der, der gegenwärtigen Anmerkung entsprechenden Stelle des Textes wird ebenso deutlich gesagt, daß die 'Sieben Welträtsel' im Grunde eines seien, das 'Weltproblem'; nur der bequemeren Behandlung wegen empfehle sich's, sie getrennt aufzuführen und herzuzählen. Sich einzubilden, man habe alles zuerst gedacht, gehört bekanntlich zum Baccalaureus. Doch ist wenig Aussicht, daß sich bei Hrn. HAECKEL noch die von Mephisto gehoffte Wandlung vollziehe. Man sieht aber, wie erstaunlich leichtfertig, bis zur Entstellung der Wahrheit, Hr. HAECKEL bei seiner Kritik zu Werke geht. (Aus den Anmerkungen zur Sonderausgabe der Rede: GOETHE und kein Ende. Leipzig 1883. S. 42. 43.)

Kolibri 360 GmbH
Ferdinand-Jühlke-Straße 7
99095 Erfurt, Deutschland
produktsicherheit@kolibri360.de